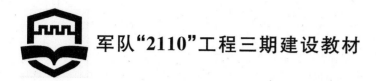

军队"2110"工程三期建设教材

基于声发射的材料损伤检测技术

阳能军　姚春江　袁晓静　龙宪海　著

北京航空航天大学出版社

内 容 简 介

本书总结了作者多年来在声发射技术领域取得的研究成果,重点讲述了声发射技术在金属材料裂纹损伤、腐蚀损伤以及复合材料拉伸损伤检测中的应用。全书分为6章,包括绪论、声发射检测技术的原理、材料损伤过程声发射信号处理与分析、金属材料裂纹损伤的声发射检测、金属材料腐蚀损伤的声发射检测、纤维增强型复合材料拉伸损伤的声发射检测等。

本书既可作为高等院校相关专业硕士研究生的教材,也可作为从事材料检测和声发射技术领域研究的工程技术人员的参考用书。

图书在版编目(CIP)数据

基于声发射的材料损伤检测技术 / 阳能军等著. --
北京:北京航空航天大学出版社,2016.8
　ISBN 978 - 7 - 5124 - 2222 - 3

Ⅰ. ①基… Ⅱ. ①阳… Ⅲ. ①声发射技术—应用—材
料工程—损伤—检测 Ⅳ. ①TB3

中国版本图书馆 CIP 数据核字(2016)第 198657 号

基于声发射的材料损伤检测技术

阳能军　姚春江　袁晓静　龙宪海　著
责任编辑　冯　颖

*

北京航空航天大学出版社出版发行

北京市海淀区学院路 37 号(邮编 100191)　http://www.buaapress.com.cn
发行部电话:(010)82317024　传真:(010)82328026
读者信箱:goodtextbook@126.com　邮购电话:(010)82316936
北京兴华昌盛印刷有限公司印装　各地书店经销

*

开本:787×1 092　1/16　印张:10　字数:256 千字
2016 年 8 月第 1 版　2016 年 8 月第 1 次印刷　印数:2 000 册
ISBN 978 - 7 - 5124 - 2222 - 3　定价:29.00 元

前　言

声发射技术是近几十年发展起来的无损检测技术,在工业制造、石油化工以及航空航天等领域有着广阔的应用前景。与其他检测技术相比,声发射检测几乎适用于所有材料的检测,并可获得材料损伤过程的动态信息,能够探测出材料或构件中的"活性"缺陷,从而为评价材料或构件的使用安全性提供可能。基于此,声发射检测技术日益受到各国学者的重视,并在工程上得到广泛应用。但是,不同材料、不同损伤过程有着不同的声发射机理,并且许多机理尚不十分明确,因此,针对典型材料、典型损伤过程的声发射检测研究具有非常重要的学术价值和指导意义。

本书总结了作者多年来在声发射技术领域取得的研究成果,重点讲述了声发射技术在金属材料裂纹损伤、腐蚀损伤以及复合材料拉伸损伤检测中的应用。全书内容分为 6 章,主要包括:绪论、声发射检测技术的原理、材料损伤过程声发射信号处理与分析、金属材料裂纹损伤的声发射检测、金属材料腐蚀损伤的声发射检测、纤维增强型复合材料拉伸损伤的声发射检测。

本书中的许多研究成果是在导师 王汉功 教授的指导下完成的,在此向王教授表示深切的怀念。感谢龙宪海博士在复合材料损伤检测方面的大力帮助,书中关于复合材料损伤检测的大部分试验是龙宪海博士完成的。本书涉及的研究成果还得到了国家自然科学基金委员会资助的青年基金项目"缠绕复合材料结构低能量冲击损伤表征与剩余强度研究"(11302249)的资助,在此一并表示感谢。

由于作者理论水平有限,以及所做研究工作的局限性,书中难免存在不妥之处,敬请广大读者批评指正。

作　者
2016 年 4 月

目　　录

第1章　绪　论

1.1　声发射现象与声发射检测技术

在外界条件(应力、温度、磁场等)作用下,材料或构件的局部缺陷(或异常)部位因应力集中而产生变形或开裂,以弹性波形式释放出应变能的现象,称为声发射(Acoustic Emission, AE)。声发射是自然界普遍存在的一种现象。例如:机械设备内部零部件形成裂纹或裂纹扩展时会产生声发射;地壳的地质运动(如地震)会发生声发射;树木折断时也会产生声发射现象。但是,不同的现象和过程,产生的声发射波的频率和幅值差别很大,其频率范围可从次声波、可听声直至 50 MHz 左右的超声波,幅值可从几微伏到数百伏。

声发射弹性波能反映出材料或零部件的某些物理性质及损伤,因此采用检测声发射信号的方法,可以判断材料或零部件的某种状态。利用仪器检测、记录、分析声发射信号,并通过声发射信号对声发射源的状态做出判断,进而推断材料或零部件状态的技术,就是声发射检测技术。

1.2　声发射技术的发展历程

1.2.1　国外发展概况

人们观察到声发射现象已有很长的历史。公元 8 世纪,阿拉伯炼金术士 Jabiribn Hayyan 对"锡鸣"现象进行了描述,这是人类对声发射现象所做的最早文献记载。20 世纪上半叶,各国科学家开始将声发射作为一门技术加以研究、开发和利用。1950—1953 年,德国金属物理学家 Kaiser J 完成了常用工程材料声发射现象的首创性研究,发现金属材料的声发射现象具有"记忆性",从而提出了声发射领域最重要的概念——Kaiser 效应,并对金属材料中的声发射现象进行了科学而系统的论述,为声发射研究奠定了基础,同时也是现代声发射技术诞生的标志。1954 年,Schofield B H 将声发射技术引入美国,并在美国特别是在原子能机构中掀起了研究热潮。

20 世纪 60 年代,声发射技术在德国、美国受到重视并得以发展。这一时期所取得的最大成就,是超声频段声发射检测信号的确定以及声发射技术在压力容器中的成功应用。1960 年,Dunegan 发现声发射技术在检测压力容器损伤情况方面有明显的优势,经过反复试验研究,首次把声发射试验频率由声频提高到超声范围(100 kHz~1 MHz),并通过窄带滤波的方法消除机械背景噪声,从而为声发射技术从试验研究阶段走向现场检测大型构件的结构完整性创造了条件。1964 年,美国通用动力公司将声发射技术成功地用于"北极星"导弹壳体的结构完整性检验,这是该技术第一次用于工程实际检测,标志着声发射技术的研究进入了现场应用的新阶段。1966 年,声发射技术被成功地用于裂纹扩展的监测与定位。1968 年,声发射技术在监测大型压力容器方面开始进入商业领域。这些事实表明,声发射技术已开始进入实用阶段。

20 世纪 60 年代末至 70 年代,美国、日本及西欧经济高速发展,在"追求高质量"经济理念的支配下,各国工业界及政府对声发射技术领域给予了大力支持,使声发射技术的研究与应用进入了一个黄金时期。这期间,关于声发射源机制的研究进展顺利,在声发射源的位错研究方面,以及在确定声发射与断裂机制的关系方面取得了长足进步。从 1968 年开始,商业化的声发射测试仪器逐渐在世界范围内得到应用。人们借助于仪器,对声发射源机制和声发射波的传播过程开展了深入而系统的研究。

20 世纪 80 年代,由于对声发射源机理缺乏合理的解释,声发射技术发展陷入低潮阶段。但是这期间也取得了一些可喜的成就:在材料性能方面,声发射技术研究的对象从金属拓展到多种材料;特别是在对纤维增强塑料容器管道的监测过程中,Dr. Fowler 发现了复合材料声发射的重要准则——Felicity 效应。

进入 20 世纪 80 年代中期以后,随着微处理器、高速 A/D 转换和信号处理技术的发展,声发射技术在仪器研制、信号处理、基础性实验等方面都取得了重大进展,逐渐进入工程应用与理论研究全面发展阶段,并在无损检测及材料研究中扮演着越来越重要的角色。1987 年 12 月到 1990 年 9 月,美国 Wright 实验室与 McKonnell - Douglas 公司采用声发射成功地对 F - 15 飞机疲劳裂纹扩展过程进行了监测。1991 年,美国学者 Gorman 提出板波声发射理论之后,模态声发射开始应用于工程检测,并取得了较好的效果。20 世纪 90 年代后期,美国 DW 公司将模态声发射(MAE)理论用于飞机结构件疲劳裂纹检测,并根据检测结果指出疲劳裂纹扩展主要产生最低阶对称板波,从而可以利用宽带传感器捕捉这种裂纹信息,实现裂纹声发射信号与背景噪声的识别。

20 世纪 90 年代,声发射检测技术得到进一步发展,美国物理声学公司(PAC)、德国 Vallen 公司等仪器生产厂家分别研究、开发并生产了功能强大的多通道声发射检测系统,使 AE 技术的应用范围不断拓宽,涉及工业生产安全、交通安全、航空安全和材料力学试验研究等领域。与此同时,声发射信号分析方法也日益完善,并推动声发射信号处理软件趋于成熟,为声发射源定位和材料损伤检测提供了有力的技术手段。

近年来,随着信号采集与分析技术的进步,以及神经网络、小波分析、模式识别等方法的引入,进一步推动声发射检测技术向更广阔的领域、更深入的方向发展,声发射技术迎来了欣欣向荣的新局面。

1.2.2 国内发展概况

我国声发射技术是在引进、消化国外技术(主要是仪器应用方面)的基础上,紧密结合工程应用实际发展起来的。

1973 年,中国特种设备检测研究中心(当时称"劳动部锅炉压力容器检测研究中心")在国内率先开展了声发射技术的研究和应用。随后,中国科学院沈阳金属研究所、航天部 621 所、武汉大学、上海交通大学等单位也相继开展了金属和复合材料的声发射特性研究。但由于当时声发射仪器的性能和声发射信号处理技术方面的不足,以及人们对声发射源性质和声发射波传播特性缺乏全面了解,加之实验结果的重复性和可靠性方面存在不少问题,导致我国声发射技术在其后十余年时间里处于停滞状态。

20 世纪 80 年代后期,国内相关单位开始尝试把声发射检测技术应用于实际工程的检测中。这期间,中国特种设备检测研究中心从美国物理声学公司(PAC)引进了新一代 24 通道声发射分析仪(Spartan - AT),并在石油化工行业开展了大型储罐、气瓶等压力容器检测,取得了很好的经济效益和社会效益。冶金部武汉安全环保研究所、大庆石油学院、航空航天部第四研究院等单位也先后引进了 Spartan 和 Locan 等型号的声发射仪器,开展了压力容器、飞机、金属及复合材料的检测和应用研究。

20 世纪 90 年代以后,我国声发射技术的研究和应用进入快速发展阶段。燕山石化、大庆油田、胜利油田、辽河油田、深圳锅炉压力容器检验所等石油化工企业和专业检验单位广泛应用声发射仪器开展压力容器的检验。航天动力研究所的耿荣生利用声发射技术跟踪检测了某型飞机疲劳试验过程中的疲劳裂纹形成和扩展,及时预报了飞机隔框、主梁螺栓孔等处的疲劳裂纹扩展情况,该项成果被认为已与国外在该领域的研究保持了同步先进水平。北京交通大学秦国栋、刘志明、王文静等用不同的试验方案采集 16MnR 钢材料疲劳过程中的声发射信号特征参数,对该材料疲劳过程中的声发射特性进行了分析,得出了 16MnR 钢材料在低周疲劳全过程中释放的声发射信号表征参数的变化规律,建立了 16MnR 钢材料的损伤程度声发射评估模型。

据统计,我国目前有 150 多家科研院所、高校和专业检验单位从事声发射技术的研究、应用及仪器开发工作,600 余人取得了声发射检测的从业资格证书。

1.3　声发射检测的特点

声发射检测通常是在动态下进行的。与其他无损检测方法相比,声发射检测具有以下几方面的特点:

① 能够对检测对象进行动态实时监测,并可根据声发射信号的特性评价缺陷的危害程度以及结构的完整性和预期使用寿命。

② 检测区域面积大,效率高,特别适用于对大型结构的检测。利用多通道声发射仪可在一次检测中对大型、复杂设备做出结构完整性评价,并确定缺陷位置,操作简便、快速,经济效益十分显著。在大、中型压力容器检测方面,声发射检测与常规检测方法所需的工作时间之比为 1：2~1：4,费用之比为 1：2~1：5。

③ 应用面广。声发射检测适用于几乎所有的材料,并且不受检测对象的几何形状、尺寸、工作环境等因素的影响。

④ 可提供声发射信号随载荷、时间、温度等外部变量变化的动态信号,从而预防由未知不连续缺陷引起的系统灾难性失效,并确定系统的最高工作载荷,特别适用于过程监控以及早期或临近破坏的预报。

⑤ 声发射检测是一种被动式检测。声发射信号能量来自被检测对象本身,因此,检测过程不会对设备的正常工作造成影响,特别适用于在用设备的定期检验,可以缩短检验的停产时间甚至不需要停产。

声发射检测技术的缺点也很明显:由于声发射检测到的是电信号,根据这些电信号来解释材料结构内部的损伤往往比较复杂,要求检测人员具备相应的理论知识和实践经验;另外,声发射检测技术是一种被动检测手段,检测得到的信号十分微弱,且经常伴有较强的环境噪声干扰,从而增加了分析声发射检测结果的困难程度;声发射信号的随机性和模糊性,以及声波在材料介质中传播的复杂性,也限制了声发射检测技术的应用和发展。

1.4 声发射检测技术的应用领域

作为一种新兴的、优势明显的无损检测技术,声发射技术从诞生之时起就受到各国学者、政府部门和工业界的高度重视,并加以推广应用。目前,该技术主要应用于以下领域:

① 石油化工工业。该领域是声发射技术目前应用最成功、最普遍的领域。主要用于各种石油化工设备(如压力容器、管道、海洋石油平台)的检测和结构完整性、安全性评价以及泄漏检测等。尤其在压力容器、油罐等大型构件的在役检测方面,声发射技术已经成为最重要的检测手段之一。研究表明,声发射检测对管道泄漏具有较高的灵敏度,当传感器距泄漏源 0.85 m 时,可检测到 8×10^{-4} ml/s 的流量。若将声发射技术全面推广应用于管道泄漏检测,可将平均每年 1 000 m^3/km 的泄漏量减小到 500 m^3/km。

② 航空航天工业。主要用于航空器壳体和主要构件的检测与结构完整性评价、航空器材料检验和疲劳试验、机翼蒙皮下的腐蚀探测、飞机起落架的原位监测以及发动机叶片和直升机叶片的检测。我国学者曾对某型飞机机体全尺寸疲劳试验进行了长达一年的声发射跟踪监测,成功地预报了主梁螺栓孔、机翼机身连接螺栓等处疲劳裂纹的萌生和扩展。

③ 金属加工工业。主要用于机械制造过程的监测与控制、工具(如车刀、钻头等)磨损和断裂的探测、焊接过程监测、振动探测等。

④ 电力工业。主要用于高压蒸汽汽包、管道和阀门的检测,汽轮机叶片的检测,汽轮机轴承运行状况的监测,以及变压器局部放电的检测等。国外已研制成功能监测 400 kV 高压设备漏电的专用声发射系统。我国广东电力试验研究所林介东等人运用声发射技术对两台 500 kV 变压器的局部放电成功地进行了检测。

⑤ 地质探测。主要用于岩石的变形和破坏监测、现代岩石力学中的微破裂过程分析、山体滑坡监测以及岩石声发射源定位等。

⑥ 材料试验。主要用于材料的性能测试、断裂试验、疲劳监测和摩擦测试,铁磁性材料的磁声发射测试,以及复合材料的性能研究等。声发射技术可检测到单根纤维的断裂及载荷的分布,从而准确地评价纤维的质量,并且能够区分复合材料层板在不同阶段(如基体开裂、纤维与树脂界面开裂及裂纹层间扩展等)的断裂特性,目前已成为研究复合材料性能的重要手段。

⑦ 交通运输业。主要用于拖车、槽车及船舶的检测和缺陷定位,铁路材料和结构的裂纹探测,桥梁和隧道的结构完整性检测,车辆轴承状态监测,以及火车车轮和轴承的断裂探测。

⑧ 民用工程。主要用于楼房、桥梁、隧道、大坝的检测,以及水泥结构裂纹开裂和扩展的连续监测等。

⑨ 其他。如:煤炭行业中的安全检测,生物医学上的骨骼和关节的状态监测,带压气瓶的完整性检测,核工业中核反应堆的安全监测,机械零件摩擦磨损状态监测及摩擦系数测量,发动机的状态监测,转动机械的在线过程监测,Li/MnO_2 电池的充放电监测,硬盘的干扰探测等。

1.5　声发射技术在材料损伤检测领域的研究现状与发展趋势

作为一种有效的无损检测方法,声发射技术于 20 世纪 60 年代开始应用于材料损伤检测领域。至今,经过半个世纪的发展,其相关理论和技术日趋成熟。

目前,声发射技术在材料损伤检测领域的研究主要集中在以下两方面。

一是不断拓展声发射技术在材料损伤检测领域的应用范围。

随着声发射技术的不断完善,其在材料损伤检测领域的应用不再局限于传统金属材料,越来越多的材料尤其是新型材料(如复合材料、耐火材料)亦可用声发射技术来检测。Dmitry S Ivanov[10]应用声发射技术检测了碳/环氧树脂基复合材料拉伸破坏状态;Surgeon M[11]运用声发射技术对 SiC/BMAS 复合材料层合板在单轴拉伸作用下的损伤进行了研究,利用 AE 事件数、幅值、能量以及持续时间等参数,描述不同铺层的试件损伤演化模式和破坏机理;郑洁[12]利用声发射技术对陶瓷基复合材料及树脂基复合材料的静拉伸试验进行了全程监测,分析了材料的损伤形式及其演化过程;Choi N S[13]等人研究了短纤维增强热塑性树脂基复合材料的破坏过程的声发射特性,得出了纤维断裂、界面破坏及基体损伤声发射信号的特点;Nat Ativitavas[14]运用声发射技术研究了纤维增强塑料拉伸断裂过程中纤维断裂的情况,取得了良好的效果;赵尧杰[15]等人对 MgO－C 耐火材料受压损伤过程进行了声发射检测,并对声发射信号功率谱的质心频率和声发射能量历程图进行了分析,结果表明 MgO－C 耐火材料受载的主要损伤形式为基质损伤和界面损伤。

二是声发射信号分析方法的不断改进和完善,技术更加成熟。这些技术主要体现在声发射源定位技术、声发射信号滤波技术和基于声发射的材料状态表征技术。

判断声发射源位置是声发射检测的主要目的之一,声发射源位置的确定有助于对材料损伤做出准确评估。目前,声发射源定位方法主要有时差定位法和区域定位法。但是,由于声发射波在传播过程中受到反射、折射和波形转换的影响,使得准确定位声发射源存在一定困难。针对该问题,相关学者对声发射源定位方法进行了更改和不断完善,提高了定位的精度。Dilem Ozevin[16]等人采用任意三角形定位探头阵列对航天系统的推进剂储罐进行了水压结构声发射完整性测试。Song Lin[17]等人采用四探头平面定位法对碳纤维增强聚合物复合材料压力容器试验过程进行了声发射监测,取得了良好的效果。Jeong-Rock Kwon[18]等人采用平面等腰三角定位法对修复后的储罐进行了水压试验,有效检测了焊接缺陷。胡平[19]等人探讨了声发射双曲面定位法及球面定位法用于大型电力变压器中绝缘故障的监测技术。Surgeonl M[11]等人利用一个传感器通过计算两种不同的波(扩展波、弯曲波)到达同一个传感器的时间差,对碳纤维增强聚合物的拉伸和弯曲破坏损伤进行了线性源定位。Jing Pin Jiao[20]等人运用模态声发射理论分析了金属薄板中弹性波的传播特性,运用小波变换的幅度来决定不同的波到达同一传感器的时间差,从而对损伤破坏进行线性源定位。目前,这些方法在金属材料的声发射源定位中取得了良好的效果。但是,对于复合材料等结构复杂的材料,声发射信号传播过程复杂,外界的干扰也给信号的定位带来了麻烦,定位分析时不仅需要考虑声发射波的频率,还要考虑传播模式和干扰因素,因此相关定位技术与方法还有待进一步研究。

声发射检测主要是通过建立声发射信号特征与结构损伤的关系,并根据检测得到的声发射信号,推断出与结构损伤相关的信息。然而,检测环境通常伴随着各种噪声,而声发射源产生的信号强度较弱,在传播过程中容易受到噪声的干扰,因此声发射仪器检测到的信号往往比较复杂,其中含有大量的干扰噪声信号。这就需要对声发射信号进行过滤处理,以获取真正的声发射信号。常用的声发射信号滤波方法有:频率滤波、幅值滤波、空间滤波等。Chandra[21]等分析了飞机飞行过程中面临的干扰噪声类型,并在实验室条件下对不同类型的声发射信号进行了采集,运用人工神经网络对声发射信号进行了噪声分离;姜长泓[22]采用小波变换对声发射信号进行了去噪研究,效果良好;邓艾东[23]等针对旋转机械声发射监测中的噪声干扰,提出基于小波熵的去噪算法,通过调整阈值可以有效提高识别的正确率。Christian Grosse[24]运用离散小波变换对声发射信号进行了七尺度分解,对信号进行了分类,并利用设置门槛值去除噪声。上述各种滤波方法通常仅适用于特定的检测环境或条件,这也是目前声发射信号处理方法纷繁复杂的主要原因。因此,研究开发具有较广泛适用性甚至普遍适用性的通用声发射信号滤波方法是今后一段时间的研究重点。

进行声发射检测时,通常需要对声发射仪采集的原始信号进行必要的处理,提取信号的特征值,并运用这些特征值来表征材料的结构状态,以便对检测过程中发生的一些物理现象进行合理的解释。为此,各国学者进行了大量研究。Sasikumar[25]等采用 BP 神经网络对单向碳纤维/环氧树脂拉伸失效模式进行了预测,选取声发射峰值幅值、持续时间、能量作为特征值,取得了较好的预测结果。Drummond[26]等研究了钢索拉伸过程中的声发射信号特征,建立了声发射信号总能量与钢索直径减少比之间的关系,表明声发射能量是钢索失效最有效的鉴别器。Lee H S[27]等应用神经网络对 VVER-40 压力容器封头可能的泄漏位置以及泄漏量进行了预测。Gang Qi[28]采用小波方法对复合材料在拉伸破损过程中的声发射信号进行了多尺度分解,选用三种尺度信号作为分析对象,并运用于损伤模式识别,效果良好。Biancolini[29]等在研究钢中疲劳裂纹形核和传播时建立了基于分形理论的声发射信号处理方法,并通过分形维-疲劳循环次数(D-N)曲线识别疲劳裂纹形核和传播导致的钢的早期失效状态。Piotrkowski[30]等对热浸镀锌试样不同腐蚀程度获取的声发射信号进行了小波变换,采用双谱特征识别了热浸镀锌试样不同的损伤机制。由上述研究成果可以看出,针对不同声发射源机制,相应的声发射信号处理方法存在很大的差别,由此导致的材料(或结构)状态表征方法也各不相同。因此,研究有效的识别方法是今后声发射技术研究的热点之一。

第2章　声发射检测技术的原理

2.1　声发射的物理基础

2.1.1　声发射的产生机理

机械零件或材料受力时,在微观结构上将产生位错、滑移、变形等,并在这些部位积蓄一定的能量,当位错、滑移、变形发展到一定程度时,零件或材料将发生损伤,并以弹性波的形式释放积蓄的能量,从而产生声发射现象。这一过程可以看成弹性形变储能器中某一位置能量的局部释放,并可利用弹簧-质量块模型(如图2-1所示)来加以描述。

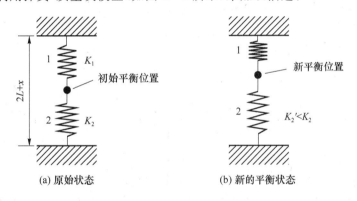

图 2 - 1　弹簧-质量块模型

如图2-1(a)所示,两个长度相同(均为 L)、刚度相等(均为 K)的弹簧通过一个质量块相连接,并固定于距离为 $2L+x$ 的两个固定物上。此时,两个弹簧的伸长量均为 $x/2$,各自受到大小相等的拉力:

$$F = \frac{1}{2}Kx \tag{2-1}$$

这样,上述两个弹簧就构成了一个组合系统,其组合刚度 $K_\Sigma = K/2$。

令弹簧2的刚度突然减弱,降低为 $K-\delta K$,导致弹簧受到的拉力相应地降低 δF。这时,两个弹簧所受的拉力为 $F' = F - \delta F$。下面计算 δF 和质量块的位移 ξ。

在新的平衡状态下(如图2-1(b)所示),系统中两个弹簧的组合刚度为

$$K'_\Sigma = \frac{1}{\frac{1}{K} + \frac{1}{K-\delta K}} = \frac{K-\delta K}{2K-\delta K}K \tag{2-2}$$

设弹簧1、2在新的平衡状态下的伸长量分别为 x_1、x_2。由于力的传递,两个弹簧受到相同的拉力,即

$$Kx_1 = (K - \delta K)x_2 = F - \delta F \qquad (2-3)$$

并且

$$F - \delta F = K'_{\sum} x \qquad (2-4)$$

由式(2-1)和式(2-2)、式(2-4)解得

$$\delta F = \frac{\delta K}{2(2K - \delta K)} Kx \qquad (2-5)$$

代入式(2-3),解得

$$x_1 = \frac{(K - \delta K)x}{2K - \delta K}, \quad x_2 = \frac{Kx}{2K - \delta K} \qquad (2-6)$$

由图 2-1 可得,质量块质心平衡位置位移 $\xi = \dfrac{x - x_1}{2} = \dfrac{x_2 - x}{2}$,即

$$\xi = \frac{\delta K}{2(2K - \delta K)} x \qquad (2-7)$$

从能量守恒的角度来看,上述由两个弹簧构成的组合系统的应变储能等于拉长弹簧做的功。于是,系统初始状态和新的平衡状态的弹性应变储能分别为

$$U = \frac{1}{2}(F \cdot x) = \frac{1}{4}Kx^2 \qquad (2-8)$$

$$U' = \frac{1}{2}(F' \cdot x) = \frac{1}{2}(K'_{\sum} x \cdot x) = \frac{(K - \delta K)K}{2(2K - \delta K)} \cdot x^2 = \frac{1}{2}\delta F \cdot x \qquad (2-9)$$

因此,释放出来的弹性能为

$$\delta U = U - U' = \frac{\delta K}{4(2K - \delta K)} Kx^2 \qquad (2-10)$$

从式(2-10)可以看出,弹簧-质量块系统所释放的能量与载荷的瞬间降落 δF 成正比,而 δF 与刚度的瞬间减小 δK 成比例,因此,系统释放的能量也与出现事件的应变 ξ 成比例。

从这里可以得出结论,声发射的产生是材料中局部区域快速卸载使弹性能得到释放的结果。如果固体中所有的点在某一时间受到同一机械力的作用,那么这个物体将做整体运动,而不会产生弹性波,也就没有声发射现象;只有在局部作用时,物体各部分之间有相对速度变化和力的作用,才会出现弹性波,即产生声发射。

声发射源快速卸载的时间决定了声发射信号的频率。卸载时间越短,能量释放速度越快,则声发射信号的频率越高。在实际构件或材料中,能量释放的速度取决于声发射源的机构。

2.1.2　声发射源

声发射检测的目的是找出材料或构件中的声发射源,并确定声发射源的性质,进而评价构件或材料的安全性。不同的材料或构件存在不同的可能成为声发射源的机构。因此,在声发射检测中必须了解各种可能的声发射源。

声发射源涉及的范围非常广,图 2-2 中给出了各种不同的材料中可能的声发射源类型。

在实际工程中,有两类重要的声发射源:一是位错运动(微观)和塑性变形(宏观),二是裂纹的形成和扩展。

位错运动是滑移变形的元过程,当位错以足够高的速度运动时,其周围存在的局部应力场即成为声发射源。孪生也是金属材料塑性变形的一种基本方式,但孪生变形所需要的切应力

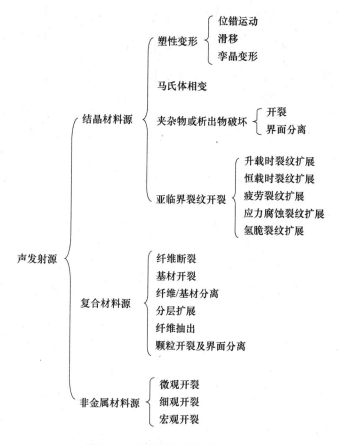

图 2-2　各种材料中的声发射源

通常比滑移变形大。滑移引起的声发射信号是连续性的,而孪生引起的声发射信号是突发性的,孪生变形会产生比滑移变形更强烈的声发射。

裂纹的形成和扩展与塑性变形有关,裂纹一旦形成,材料局部的应力集中得到卸载,产生声发射。材料断裂的三个阶段——裂纹成核、稳定扩展、失稳断裂都可以产生强烈的声发射。理论计算表明,裂纹扩展所需要的能量比裂纹形成所需要的能量高 100～1 000 倍,因而裂纹扩展的声发射强度要比裂纹形成的声发射强度大得多。当裂纹扩展到接近临界长度时,开始失稳扩展,快速断裂,这时的声发射强度更大,甚至会产生人耳能听得见的声音。

金属材料的应力腐蚀导致裂纹的形成和扩展,也是一种典型的声发射源,它不仅取决于材料本身的状态和裂纹尖端的应力场,还与材料所处的环境有关。另外,金属材料的马氏体相变、凝固时的热裂、夹杂或第二相粒子的开裂以及表面腐蚀产物的剥离等,也都是便于检测的声发射信号源。

2.1.3　声发射波的传播

1. 传播模式

根据质点的振动方向和传播方向的相互关系,声发射波在介质中的传播模式可分为纵波(又称压缩波)、横波(又称剪切波)、表面波(又称瑞利波)、板波(又称兰姆波、Lamb 波)等。

纵波:由体积变化产生,介质有压缩变形,质点的振动位移与波的传播方向平行。纵波可在固体、液体、气体介质中传播。

横波：由剪切变形引起，介质体积没有变化，质点的振动方向与波的传播方向垂直。横波只能在固体介质中传播。

表面波：在半无限大理想固体介质自由表面形成，质点的振动轨迹呈椭圆形，沿深度为1～2个波长的固体近表面传播，波的能量随传播深度增加而迅速减弱。

板波：因物体两平行表面所限而形成的纵波与横波组合的波。板波在整个物体内传播，质点做椭圆轨迹运动。按质点的振动特点，板波可分为对称型（膨胀波）和非对称型（弯曲波）两种。

纵波和横波是两种基本的、由声发射源直接激发的声发射波模式，而表面波和板波是纵波、横波在传播过程中受材料或构件形状、尺寸影响而衍生形成的模式。固体介质的体积变形（压缩）产生纵波；剪切变形产生横波。声发射波在厚试样表面的传播模式主要是表面波；对于工程中大量使用的、厚度方向尺寸远小于其他两个方向的薄板，如飞机机翼、隔框、复合材料舵面（平尾、垂尾和方向舵）、压力容器壳体以及压力管道等，声发射波的传播模式主要是板波。

在实际工程检测中，对于常见的容器类薄板结构，表面波或板波的传播衰减远小于纵波和横波而可传播更远的距离，常成为主要的传播模式。

2. 传播速度

波的传播速度是与介质的密度和弹性模量密切相关的材料特性。对于不同的材料，声发射波的传播速度也不同。在均匀介质中，纵波与横波的速度分别可用如下的式（2-11）和式（2-12）表示：

$$v_L = \sqrt{\frac{E}{\rho} \frac{1}{2(1+\sigma)}} = \sqrt{\frac{G}{\rho}} \qquad (2-11)$$

$$v_S = \sqrt{\frac{E}{\rho} \frac{1-\sigma}{(1+\sigma)(1-2\sigma)}} \qquad (2-12)$$

式中：v_L——纵波速度；

$\quad\quad v_S$——横波速度；

$\quad\quad \sigma$——泊松比；

$\quad\quad E$——弹性模量；

$\quad\quad G$——切变模量；

$\quad\quad \rho$——材料密度。

在同种材料中，不同模式的波速之间有一定的比例关系。例如，横波速度约为纵波速度的60%，表面波速度约为横波的90%。纵波、横波、表面波的速度与波的频率无关，而板波的速度则与波的频率有关，即具有频散现象，其速度介于纵波速度和横波速度之间。在实际结构中，传播速度还受到材料类型、各向异性、结构形状与尺寸、内容介质等多种因素的影响，具有一定的不确定性。

传播速度主要用于声发射源的时差定位计算，而其不确定性成为影响声发射源定位精度的主要因素。实际应用时，波速通常难以用理论方法计算得出，需要进行实际测量。对于大多数铁基金属材料容器，声发射波的典型传播速度约为3 000 m/s。在不便事先测得波速的情况下，可以将此值作为定位计算的初设波速。

3. 反射、折射与模式转换

在固体介质中，声发射源产生的声发射波同时按纵波和横波两种模式向周围传播。当这两种模式的声发射波传播到不同材料界面时,将产生反射、折射和模式转换。入射纵波和入射横波除各自产生反射(或折射)纵波与横波外,在半无限大的自由表面上,一定的条件下还可转换成表面波(见图 2-3);在厚度接近波长的薄板中还会衍生板波。在厚壁结构(厚度远大于波长)中,波的传播变得更为复杂。

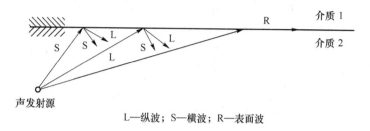

L—纵波;S—横波;R—表面波

图 2-3 声发射波的反射与模式转换

同一声发射事件产生的声发射波经界面反射、折射和模式转换后,将产生多种不同模式的波,它们以不同波速、不同波程、不同时序到达传感器。因此,若声发射源产生的声发射波为一个尖脉冲波,则到达传感器时,可能以纵波、横波、表面波或板波及其多波程迟达波等复杂方式,分离成数个尖脉冲或经相互叠加而成为持续时间很长的复杂波形,有时长达数毫秒。此外,传感器频响特性及传播衰减等也会对仪器接收的声发射信号产生影响,使信号波形的上升时间变慢,幅值下降,持续时间变长,到达时间延迟,频率成分向低频偏移。这些演变将对声发射波形的定量分析及常规参数分析带来一定的困难。

4. 衰 减

衰减是指波的幅值随传播距离的增加而下降的现象。引起声发射波衰减的机制主要有:几何扩展衰减、材料吸收衰减以及散射衰减。

(1)几何扩展衰减

声发射波从波源向各个不同方向扩展的过程中,随传播距离的增加,单位面积上的能量逐渐减少,造成波的幅值下降。扩展衰减与传播介质的性质无关,主要取决于介质的几何形状(或波阵面),它主要控制着近场区的衰减。

一般而言,某一局部源产生的体波(纵波与横波)的幅值下降与传播距离成反比,而表面波和板波则与其平方根成反比。声发射波在一维介质(如棒、杆)中的几何扩展衰减小于二维和三维介质。在小型球类容器中,由于波阵面随传播距离先扩展而后收缩,波的幅值也会随着改变。例如,南极点产生的声发射波,传播到赤道位置时幅值变得最小,而到北极点又会变大。

(2)材料吸收衰减

声发射波在介质中传播的过程中,由于质点间的粘弹性(内摩擦)和热传导等因素,声发射波的部分机械能转换成热量等其他能量,使波的幅值随传播距离呈指数规律下降。其衰减率取决于材料的粘弹性等性质,并与波的频率有关(近似与频率成正比)。这种能量损失机制主要控制着远场区的衰减。

(3)散射衰减

声发射波在传播过程中,遇到不均匀声阻抗界面时,发生波的不规则反射(称为散射),使原传播方向上的能量减少。粗晶、夹杂、异相物、气孔等是引起散射衰减的主要材质因素。

除上述三种机制外,下列因素也会造成声发射波在传播过程中衰减:

① 频散,即在一些构件中,不同频率成分的波以不同的速度传播(频散效应),引起波形的分离或扩展,从而使波的峰值幅值下降。

② 相邻介质"泄漏",即由于声发射波向相邻介质"泄漏"而造成波的幅值下降,例如容器中的水介质。

③ 障碍物,即容器上的接管、人孔等障碍物也可造成幅值下降。

传播衰减的大小关系到每个传感器可检测信号的距离范围,在源定位中成为确定传感器间距或工作频率的关键因素。在实际应用中,声发射波的衰减机制很复杂,难以用理论计算,只能用试验测得。为减小衰减的影响,常采取以下措施:降低传感器频率以及减小传感器间距,例如,对复合材料的局部检测通常采用 150 kHz 的高频传感器,而大面积检测则采用 30 kHz 的低频传感器;对大型构件的整体检测,可相应增加传感器的数量。

2.1.4　Kaiser 效应和 Felicity 效应

声发射过程具有不可逆性(或称记忆性),即当材料加载到一定应力水平产生声发射现象并卸载后,重新加载时必须超过前一次加载的最大载荷才会有新的声发射信号出现。这种不可逆性称为 Kaiser 效应。Kaiser 效应是材料声发射过程中最基本的现象之一。

Kaiser 效应在声发射技术中有着重要的用途,包括:在役构件的新生裂纹的定期过载声发射检测;岩石、山体在地质变化过程中所受最大应力的推定;疲劳裂纹起始与扩展声发射检测;通过预载措施消除加载装置的噪声干扰;加载过程中常见的可逆性摩擦噪声的鉴别。

但是,也有一些材料因其性质和损伤机理不同而不符合 Kaiser 效应。当材料重复加载时,重复载荷达到原先所加最大载荷之前就发生明显声发射的现象,称为 Felicity 效应。Felicity 效应也可认为是反 Kaiser 效应。材料在第 $i+1$ 次加载过程中出现第一个声发射信号时对应的载荷(P_{AE})与第 i 次加载过程中的最大载荷(P_{max})之比称为 Felicity 比。它反映了加载历史对材料或构件的影响,其值越小,表明材料或构件在某一载荷水平下的损伤越严重。

当材料的 Felicity 比大于 1 时,其产生声发射的过程满足 Kaiser 效应;当 Felicity 比小于 1 时,满足 Felicity 效应。在航空航天领域,Felicity 比已经成为衡量纤维增强型复合材料损伤严重程度的主要标准。

Kaiser 效应与 Felicity 效应是描述材料同一性质的两个对立统一的方面,它们在一定程度上反映了材料自身固有的性质,为评价材料或构件的损伤严重程度提供了重要依据。不同的材料有着不同的 Felicity 比;组分相同而热处理状态不同的材料也可能表现出不同的效应。此外,材料表现为 Kaiser 效应还是 Felicity 效应,还与试验条件、载荷水平和加载速率等多种外部因素有关。

2.2　声发射检测的原理

声发射波的产生是材料(或构件)中局部区域快速卸载、弹性能得到释放的结果。声发射源和材料(或构件)的性质决定了弹性能释放的方式、速度和时间,而这又进一步决定了声发射信号的特性(如波形、频率、振幅等)。因此,声发射信号的特性与材料或构件的性质(包括缺陷情况)存在一定的对应关系。基于这种对应关系,采用仪器检测、记录、分析声发射信号,即可推断声发射源及材料(或构件)的某些性质(包括缺陷的种类、大小及分布)。

声发射检测的一般原理如图 2-4 所示。声发射源产生的弹性振动以应力波的形式传播一段距离后，到达材料（或构件）的表面，引起材料的表面位移。声发射传感器将材料表面位移的机械振动转化为电信号，送入声发射检测仪进行分析和处理。

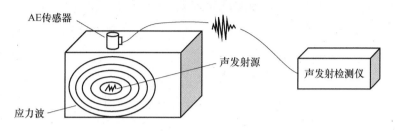

图 2-4　声发射检测原理示意图

图 2-5 所示为典型的声发射系统原理图。声发射传感器将材料表面的机械振动转换为电信号，经前置放大器放大、滤波器滤波、主放大器再放大后，由数据采集卡（模/数转换器）进行采集，送入计算机进行数据处理和分析，判断、评定声发射源特性，并将结果进行显示。

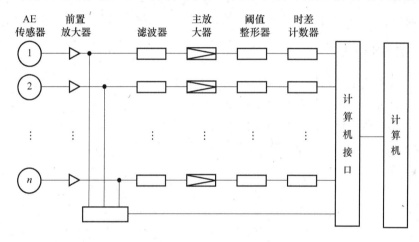

图 2-5　典型声发射系统原理图

2.3　声发射源的定位方法

对声发射源（往往是缺陷或潜在的缺陷）进行定位是声发射检测最重要的目的之一。根据检测对象、声发射信号特点、定位要求的不同，声发射源的定位方法各不相同。图 2-6 所示为目前常用的各类声发射信号源定位方法。其中，最常用的源定位技术有两类：时差定位和区域定位。

时差定位法利用声发射信号到达不同传感器的时差和传感器位置之间的几何关系，联立方程组并求解，最终得出缺陷与传感器的相对位置。这是一种精确的点定位方式。但是，由于声发射波在传播过程中发生衰减、模式转换等，加之不同模式的波在同一介质中可能具有不同的速度，因而在实际应用中其精度受到许多限制。

区域定位是按不同传感器检测不同区域的方式或按声发射波到达各传感器的次序，大致确定声发射源所处的区域。这是一种快速、简便而又粗略的定位方式，主要用于复合材料等由于声发射频度过高、传播衰减过快或检测通道数有限而难以采用时差定位的场合。随着声发

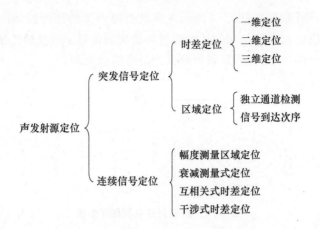

图 2-6　声发射源定位方法分类

射仪器的发展及设备状态监测要求的提高,目前常用时差定位法来确定声发射源的位置。

　　根据具体检测场合和要求的不同,时差定位又分为一维定位(线定位)、二维定位(面定位)和三维定位。下面分别以工程中常用的几种声发射源定位方法为例,分析说明声发射时差定位的原理。

2.3.1　直线定位法

　　直线定位也称线定位,属于一维定位,是用两个声发射传感器在一维空间中确定声发射源的位置坐标。该方法可用于焊缝缺陷及长距离输送管道缺陷的定位。

　　以两个传感器所在位置的连线为坐标轴建立一维参照系(如图 2-7 所示),两个传感器的坐标分别为 x_1、x_2,一般将两个传感器的中点位置取为坐标原点,即 $x_1+x_2=0$。

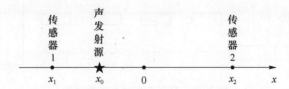

图 2-7　直线定位法示意图

　　设在 x_0 处有一声发射源,声发射波到达两个传感器的时间差为 Δt,则

$$\Delta t = \frac{x_2-x_0}{v} - \frac{x_0-x_1}{v} \tag{2-13}$$

式中:v 为声发射波在构件中的传播速度(即声速),可事先测出。于是,声发射源所在位置的坐标为

$$x_0 = -\frac{1}{2}v\Delta t \tag{2-14}$$

2.3.2　任意三角形定位法

　　任意三角形定位法属于二维定位,适用于在平面内对缺陷进行定位。假定用于检测的三个传感器构成平面任意三角形(如图 2-8 所示),其位置分别为 $S_0(x_0,y_0)$、$S_1(x_1,y_1)$、$S_2(x_2,y_2)$;在 $P(x,y)$ 处有一个声发射源,其所处位置与三个传感器的距离依次为 r_0、r_1、r_2。

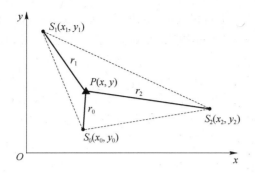

图 2 - 8　任意三角形定位法示意图

将声发射信号到达传感器 S_1、S_0 和 S_2、S_0 的时差记为 $\Delta t_{10} = t_1 - t_0$，$\Delta t_{20} = t_2 - t_0$，则

$$\delta_1 = r_1 - r_0 = \Delta t_{10} \times v \tag{2-15}$$

$$\delta_2 = r_2 - r_0 = \Delta t_{20} \times v \tag{2-16}$$

将声发射源 P 的位置表示为分别以 S_0、S_1、S_2 为圆心，以 r_0、r_1、r_2 为半径的圆的方程：

$$(x - x_0)^2 + (y - y_0)^2 = r_0^2 \tag{2-17}$$

$$(x - x_1)^2 + (y - y_1)^2 = r_1^2 = (r_0 + \delta_1)^2 \tag{2-18}$$

$$(x - x_2)^2 + (y - y_2)^2 = r_2^2 = (r_0 + \delta_2)^2 \tag{2-19}$$

由式（2-17）~式（2-19），可得

$$x_1^2 + y_1^2 - \delta_1^2 - x_0^2 - y_0^2 = 2xx_1 + 2yy_1 - 2xx_0 - 2yy_0 + 2r_0\delta_1 \tag{2-20}$$

$$x_2^2 + y_2^2 - \delta_2^2 - x_0^2 - y_0^2 = 2xx_2 + 2yy_2 - 2xx_0 - 2yy_0 + 2r_0\delta_2 \tag{2-21}$$

做极坐标变换 $x = r_0\cos\theta + x_0$，$y = r_0\sin\theta + y_0$（θ 为 P、S_0 之间连线 PS_0 与 x 轴的夹角），且令 $A_1 = x_1^2 + y_1^2 - \delta_1^2 - x_0^2 - y_0^2$，$A_2 = x_2^2 + y_2^2 - \delta_2^2 - x_0^2 - y_0^2$，则可得到

$$2r_0\left[(x_1 - x_0)\cos\theta + (y_1 - y_0)\sin\theta + \delta_1\right] = A_1 - 2(x_0x_1 - x_0^2 + y_0y_1 - y_0^2)$$
$$\tag{2-22}$$

$$2r_0\left[(x_2 - x_0)\cos\theta + (y_2 - y_0)\sin\theta + \delta_2\right] = A_2 - 2(x_0x_2 - x_0^2 + y_0y_2 - y_0^2)$$
$$\tag{2-23}$$

当 $(x_2 - x_0)\cos\theta + (y_2 - y_0)\sin\theta + \delta_2 \neq 0$ 时，由式（2-22）和式（2-23）得

$$\frac{(x_1 - x_0)\cos\theta + (y_1 - y_0)\sin\theta + \delta_1}{(x_2 - x_0)\cos\theta + (y_2 - y_0)\sin\theta + \delta_2} = \frac{A_1 - 2(x_0x_1 - x_0^2 + y_0y_1 - y_0^2)}{A_2 - 2(x_0x_2 - x_0^2 + y_0y_2 - y_0^2)} \tag{2-24}$$

令 $B_1 = A_1 - 2(x_0x_1 - x_0^2 + y_0y_1 - y_0^2)$，$B_2 = A_2 - 2(x_0x_2 - x_0^2 + y_0y_2 - y_0^2)$，由式（2-24）可得

$$\left[B_2(x_1 - x_0) - B_1(x_2 - x_0)\right]\cos\theta + \left[B_2(y_1 - y_0) - B_1(y_2 - y_0)\right]\sin\theta = B_1\delta_2 - B_2\delta_1$$
$$\tag{2-25}$$

令 $C = B_2(x_1 - x_0) - B_1(x_2 - x_0)$，$D = B_2(y_1 - y_0) - B_1(y_2 - y_0)$，$E = B_1\delta_2 - B_2\delta_1$，则由式（2-25）得

$$C\cos\theta + D\sin\theta = E \tag{2-26}$$

将 $D\sin\theta$ 移到等式右边，并对等式两边同时取平方，得

$$(D^2 + C^2)\sin^2\theta - 2DE\sin\theta + E^2 - C^2 = 0 \tag{2-27}$$

解式（2-27）得

$$\sin\theta = \frac{DE \pm C\sqrt{C^2 + D^2 - E^2}}{C^2 + D^2} \tag{2-28}$$

由式(2-22)和 $|\sin\theta|\leqslant 1$ 可知 $\sin\theta$ 存在唯一解,故可去掉式(2-28)中的虚根。确定 $\sin\theta$ 的唯一值后,θ 在 $[-\pi,\pi]$ 区间内有两个解,为了有效定位,必须确定其唯一解。将 θ 值代入式(2-22)得到

$$r_0 = \frac{A_1 - 2(x_0 x_1 - x_0^2 + y_0 y_1 - y_0^2)}{2[(x_1 - x_0)\cos\theta + (y_1 - y_0)\sin\theta + \delta_1]} \tag{2-29}$$

由 $r_0 \geqslant 0$ 可确定 θ 的唯一值,同时确定了 r_0 的唯一性。将确定的 r_0、θ 代入 $x = r_0\cos\theta + x_0$ 和 $y = r_0\sin\theta + y_0$,即可确定声发射源 $P(x,y)$ 的坐标。

2.3.3　球面三角形定位法

球面三角形定位法属于三维定位,适用于对各种球形容器(如储液罐、储气罐)的声发射进行定位。下面介绍球面三角形定位法。

设球面三角形的球心为 O,半径为 ρ(见图 2-9),由球面三角形边的余弦定理可知

$$\cos\frac{\widehat{AB}}{\rho} = \cos\frac{\widehat{AC}}{\rho}\cos\frac{\widehat{CB}}{\rho} + \sin\frac{\widehat{AC}}{\rho}\sin\frac{\widehat{CB}}{\rho}\cos(\angle ACB)$$

取球面极坐标(见图 2-10),在球面上设一原点 $S_0(0,0)$,球面上的任意一点都可以由 θ 角($0\leqslant\theta\leqslant 2\pi$)和这一点到原点的圆弧 R($0\leqslant R\leqslant\pi\rho$)确定。在球面三角形的三个顶点上布置三个传感器,其坐标分别记为 $S_0(0,0)$、$S_1(R_1,\theta_1)$ 和 $S_2(R_2,\theta_2)$,如图 2-11 所示。

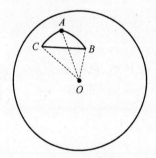

图 2-9　以 O 为球心的球面三角形 ABC

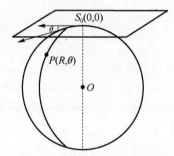

图 2-10　球面极坐标

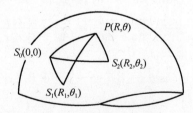

图 2-11　球面三角形定位

声发射源 $P(R,\theta)$ 产生的声发射波到达传感器位置 S_0 与 S_1、S_2 的时间差为

$$\left.\begin{aligned}\Delta T_1 &= \frac{\widehat{PS_1} - \widehat{PS_0}}{v} = \frac{\widehat{PS_1} - R}{v} \\ \Delta T_2 &= \frac{\widehat{PS_2} - \widehat{PS_0}}{v} = \frac{\widehat{PS_2} - R}{v}\end{aligned}\right\} \tag{2-30}$$

对于球面三角形 $\triangle PS_0 S_1$,按边的余弦定理可写为

$$\cos\frac{\widehat{PS_1}}{\rho} = \cos\frac{\widehat{PS_0}}{\rho}\cos\frac{\widehat{S_0S_1}}{\rho} + \sin\frac{\widehat{PS_0}}{\rho}\sin\frac{\widehat{S_0S_1}}{\rho}\cos(\angle PS_0S_1) \tag{2-31}$$

将式$(2-30)$的$\widehat{PS_1}$的表达式代入式$(2-31)$得

$$\cos\frac{v\Delta T_1 + R}{\rho} = \cos\frac{R}{\rho}\cos\frac{R_1}{\rho} + \sin\frac{R}{\rho}\sin\frac{R_1}{\rho}\cos(\theta - \theta_1) \tag{2-32}$$

或者

$$\sin\frac{R}{\rho}\left[\sin\frac{v\Delta T_1}{\rho} + \sin\frac{R_1}{\rho}\cos(\theta - \theta_1)\right] = \cos\frac{R}{\rho}\left(\cos\frac{v\Delta T_1}{\rho} - \cos\frac{R_1}{\rho}\right) \tag{2-33}$$

如果$\cos\dfrac{R}{\rho}\neq 0$,即$\angle POS_0 \neq \dfrac{\pi}{2}$,那么由式$(2-33)$可得

$$\tan\frac{R}{\rho} = \frac{\cos\dfrac{v\Delta T_1}{\rho} - \cos\dfrac{R_1}{\rho}}{\sin\dfrac{v\Delta T_1}{\rho} + \sin\dfrac{R_1}{\rho}\cos(\theta - \theta_1)} \tag{2-34}$$

同理,对于球面三角形$\triangle PS_0S_2$可以得到

$$\tan\frac{R}{\rho} = \frac{\cos\dfrac{v\Delta T_2}{\rho} - \cos\dfrac{R_2}{\rho}}{\sin\dfrac{v\Delta T_2}{\rho} + \sin\dfrac{R_2}{\rho}\cos(\theta - \theta_2)} \tag{2-35}$$

由式$(2-34)$和式$(2-35)$得

$$\left(\cos\frac{v\Delta T_1}{\rho} - \cos\frac{R_1}{\rho}\right)\left[\sin\frac{v\Delta T_2}{\rho} + \sin\frac{R_2}{\rho}\cos(\theta - \theta_2)\right] =$$
$$\left(\cos\frac{v\Delta T_2}{\rho} - \cos\frac{R_2}{\rho}\right)\left[\sin\frac{v\Delta T_1}{\rho} + \sin\frac{R_1}{\rho}\cos(\theta - \theta_1)\right] \tag{2-36}$$

将式$(2-36)$中的$\cos(\theta-\theta_1)$和$\cos(\theta-\theta_2)$展开,并进行整理,得

$$\left[\sin\frac{R_1}{\rho}\cos\theta_1\left(\cos\frac{v\Delta T_2}{\rho} - \cos\frac{R_2}{\rho}\right) - \sin\frac{R_2}{\rho}\cos\theta_2\left(\cos\frac{v\Delta T_1}{\rho} - \cos\frac{R_1}{\rho}\right)\right]\cos\theta +$$
$$\left[\sin\frac{R_1}{\rho}\sin\theta_1\left(\cos\frac{v\Delta T_2}{\rho} - \cos\frac{R_2}{\rho}\right) - \sin\frac{R_2}{\rho}\sin\theta_2\left(\cos\frac{v\Delta T_1}{\rho} - \cos\frac{R_1}{\rho}\right)\right]\sin\theta =$$
$$\sin\frac{v\Delta T_2}{\rho}\left(\cos\frac{v\Delta T_1}{\rho} - \cos\frac{R_1}{\rho}\right) - \sin\frac{v\Delta T_1}{\rho}\left(\cos\frac{v\Delta T_2}{\rho} - \cos\frac{R_2}{\rho}\right) \tag{2-37}$$

式$(2-37)$中只有一个未知量θ,令

$$\left.\begin{aligned}
A &= \sin\frac{R_1}{\rho}\cos\theta_1\left(\cos\frac{v\Delta T_2}{\rho} - \cos\frac{R_2}{\rho}\right) - \sin\frac{R_2}{\rho}\cos\theta_1\left(\cos\frac{v\Delta T_1}{\rho} - \cos\frac{R_1}{\rho}\right) \\
B &= \sin\frac{R_1}{\rho}\sin\theta_1\left(\cos\frac{v\Delta T_2}{\rho} - \cos\frac{R_2}{\rho}\right) - \sin\frac{R_2}{\rho}\sin\theta_1\left(\cos\frac{v\Delta T_1}{\rho} - \cos\frac{R_1}{\rho}\right) \\
C &= \sin\frac{v\Delta T_2}{\rho}\left(\cos\frac{v\Delta T_1}{\rho} - \cos\frac{R_1}{\rho}\right) - \sin\frac{v\Delta T_1}{\rho}\left(\cos\frac{v\Delta T_2}{\rho} - \cos\frac{R_2}{\rho}\right)
\end{aligned}\right\}$$

得到

$$A\cos\theta + B\sin\theta = C \tag{2-38}$$

再令

$$\left.\begin{array}{l} \cos \varphi = \dfrac{A}{\sqrt{A^2 + B^2}} \\[3mm] \sin \varphi = \dfrac{B}{\sqrt{A^2 + B^2}} \end{array}\right\} \qquad (2-39)$$

由式(2-38)和式(2-39)可得

$$\cos(\theta - \varphi) = \frac{C}{\sqrt{A^2 + B^2}} \qquad (2-40)$$

如果 $A^2 + B^2 - C^2 > 0$，则式(2-38)或式(2-40)在 $0 \leqslant \theta \leqslant 2\pi$ 区间上有两个根；如果 $A^2 + B^2 - C^2 = 0$，则只有一个根；如果 $A^2 + B^2 - C^2 < 0$，则没有根。

声发射源坐标中的 R 可由式(2-34)或式(2-35)求得。令

$$\chi = \frac{\cos \dfrac{v\Delta T_1}{\rho} - \cos \dfrac{R_1}{\rho}}{\sin \dfrac{v\Delta T_1}{\rho} + \sin \dfrac{R_1}{\rho}\cos(\theta - \theta_1)} = \frac{\cos \dfrac{v\Delta T_2}{\rho} - \cos \dfrac{R_2}{\rho}}{\sin \dfrac{v\Delta T_2}{\rho} + \sin \dfrac{R_2}{\rho}\cos(\theta - \theta_2)}$$

则 $R = \rho(\arctan \chi + k\pi)$，$k$ 为整数，$0 < R < \pi\rho$。

这是一个普通的数学解，尚应考虑物理的限定条件，其弧值必须小于圆周的一半，即 $R < \pi\rho$，并且 $R \geqslant 0$。由于 θ 有两个解，若要确定唯一解，则需放置第 4 个传感器，以其时差来确定双解中的一个。

第3章 材料损伤过程声发射信号处理与分析

3.1 传统声发射信号处理方法

3.1.1 表征参数分析法

表征参数分析法是指对测得的声发射信号进行初步的处理和整理,变换成不同的声发射信号表征参数(区别于模式识别中的特征参数),并对这些表征参数加以统计分析,画出直方图、趋势图等,从而对声发射源的特征进行分析和判断的方法。

常用的声发射信号表征参数有振铃计数、能量、幅值、上升时间、持续时间和撞击数等(见图3-1)。这些表征参数分别从不同角度描述了某一物理过程产生的声发射信号的特性。

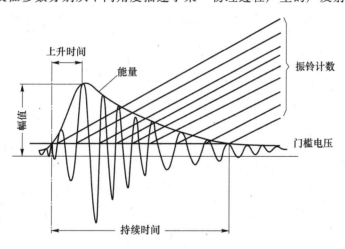

图3-1 声发射信号表征参数定义

各表征参数所代表的物理意义如下。

① 振铃计数(CNTS):也称过门限峰值个数,是指振铃脉冲越过阈值电压的次数。振铃计数与产生声发射的事件的能量有关,能够粗略地反映信号强度和频度,既适用于突发型信号又适用于连续型信号,广泛用于声发射活动性评价。该参数对材料的变形和断裂比较敏感。

② 能量 E(Energy):即图3-1中信号包络检波线下方所围的面积。它既能反映信号的强度(幅值),又能反映信号的宽度(持续时间),因此在声发射检测中是一个很重要的表征参数。将单独信号的能量计数进行相加,即得到声发射的总能量计数。

$$E = \frac{1}{R}\int_0^\infty V^2(t)\,\mathrm{d}t \qquad (3-1)$$

③ 幅值 Amp(Amplitude):是指信号波形的峰值幅度。声发射系统中用下式将其转换为分贝(dB)值:

$$Amp = 20 \lg V_p \tag{3-2}$$

式中:V_p 指传感器接收到的信号经过前置放大器、主放大器和增益的依次放大,并经阈值整形后得到的输出波形峰值,单位为 μV。幅值常用于声发射源类型鉴别、强度或衰减测量。

④ 持续时间 D(Duration Time):是指事件信号第一次越过阈值电压到最终降至阈值电压所经历的时间间隔。该参数常用于特殊波源类型和噪声的鉴别。

⑤ 上升时间 R(Rise Time):是指时间信号第一次越过阈值到最大振幅所经历的时间间隔。上升时间参数可用于噪声识别。

⑥ 撞击数(Hits):是指单个通道检测到的声发射事件的数目。该参数反映了声发射活动的总量和频度,常用于声发射活动性评价。

表征参数分析法对仪器硬件的要求较低,分析速度快,易于实现实时监测,因此长期以来一直是声发射检测所使用的主要方式。但是,声发射表征参数实际上是对输出波形进行简化处理得到的,舍弃了许多关于声发射源本质的信息,且受测试条件影响较大,因此,该方法有着较大的局限性。

对声发射信号表征参数进行分析的常用经典方法包括参数随时间的变化分析、参数的分布分析和参数的关联分析等。这些经典分析方法可以确定声发射源的强度和活动程度。近几年,人们在声发射信号表征参数分析方面也逐渐开始采用模式识别、人工神经网络、灰色关联分析和模糊分析等先进技术。

3.1.2　波形分析法

声发射信号的波形分析法是指根据所记录信号的时域波形以及与此相关联的频谱和相关函数等来获取有关声发射源信息的一类方法。其核心是将声发射波形与声发射源机制相联系,了解所获得的声发射波形的物理本质。波形分析法的主要研究对象是声发射的源机制、声波的传播过程和传播介质的响应。

声发射信号波形中包含有丰富的声发射源信息。从理论上来说,表征参数分析法所能实现的分析和处理都可以用波形分析法做到。但是在早期的声发射研究和应用中,由于传感器性能(主要是频带过窄)及计算机技术(信号采集和处理速度低)的限制,波形分析法在很长时间内都停留在理论分析阶段。近年来,随着传感器技术的进步以及信号处理方法的不断完善,波形分析法取得了很大的发展,并逐渐应用于工程结构检测。

目前,常用的声发射信号波形分析方法主要有谱分析、模态声发射分析和时频分析。

谱分析方法的基本思想是把声发射信号从时域转换到频域,再从频域中提取声发射信号特征。谱分析法可分为经典谱分析和现代谱分析。其中,经典谱分析以傅里叶变换为基础,主要包括相关图法和周期图法以及在此基础上的改进方法,其中最基本、最重要方法是快速傅里叶变换(FFT)。现代谱分析方法以非傅里叶分析为基础,可分为参数模型法和非参数模型法两大类。

模态声发射(Modal Acoustic Emission,MAE)分析方法是 Gorman M R 等人于 20 世纪 90 年代提出来的声发射检测新技术。它建立在板波频散特性的基础上,沿用了超声检测中许多容易被人们理解和接受的物理模型,特别适用于板材、棒材、管材以及壳体等常见结构的检测。与传统声发射(参量法)的本质区别是,模态声发射分析方法认为声发射源产生的是频率和模式丰富的导波信号,而且可以利用导波理论和牛顿力学定律从理论上对源定位不准确、信号解释困难和噪声干扰等问题进行解释和表述。目前模态声发射技术已经成功用于复合材料的损伤模式和损伤程度的识别以及飞机机体全尺寸的疲劳裂纹的监测,取得了较满意的效果。但是,模态声发射分析方法需要对声发射源机制有比较深刻的了解,并要求所用传感器能对平面内位移(扩展波)和垂直方向位移(弯曲波)有相同的灵敏度,并在很宽的频率范围(20 kHz~1 MHz)内有比较平滑的响应,这在目前的技术水平下是很难做到的。另外,建立完备的、符合工程实际的 MAE 模型往往也非常困难。这些因素在很大程度上制约了模态声发射分析方法的推广应用。

时频分析也称为时频分布分析,是一种把时域分析与频域分析结合起来的分析方法。它既能反映出信号的频率内容,也能反映出该频率内容随时间变化的规律,并且能准确地描述信号能量随时间和频率的分布。常用的时频分析方法有短时傅里叶变换(Short - Time Fourier Transform,STFT)和小波分析(Wavelet Transform)。其中,短时傅里叶变换是通过时间域上加窗来实现的,即对信号施加一个滑动窗后再进行傅里叶变换。它能同时在时域和频域中提供信号的准确信息,但由于窗口没有适应性,在检测频谱分布较宽的含噪信号时很难确定窗口宽度。窗口过窄会损害信号的低频部分,而窗口过宽则会损害信号的高频部分。对于含噪声的声发射信号检测来说,特别是在较强噪声干扰的情况下,短时傅里叶分析虽然能在一定程度上削弱噪声,提高信噪比,但对声发射信号也会造成较大的损害。小波分析的特点是对信号进行变时窗分析,即对信号中的低频分量采用较宽的时窗,对高频分量采用较窄的时窗,这使得小波分析在时域和频域均具有良好的局部分析特性,非常适合声发射信号的分析。

3.2　基于小波分析的声发射信号降噪技术

在声发射检测试验和工程应用中,声发射仪器记录的原始信号不可避免地夹杂一些噪声。为了减少数据分析中的工作量,提高分析结果的准确性和可靠性,必须对采集的原始信号进行降噪处理。

目前常用的降噪方法有小波分析、神经网络、自适应消噪等。其中,小波分析具有良好的时频局部化能力,被广泛用来从干扰环境中提取有用信号,它对非平稳信号的剔噪处理有着傅里叶分析无法比拟的优势,特别适合于声发射信号的降噪处理。

3.2.1　小波分析技术简介

小波分析(Wavelet Transform)也称为小波变换,是近年来快速发展起来的一种数学分析应用技术,由 Marlet 于 1980 年提出。Meyer、Cornbes、Lermrie 等学者先后对小波理论做了不同程度的完善。与传统傅里叶分析相比,小波分析是一种窗口面积固定但其形状可变、时间窗和频率窗也可变的时频局域化分析方法,它在低频部分具有较高的频率分辨率和较低的时间分辨率,在高频部分具有较高的时间分辨率和较低的频率分辨率,所以被称为数学显微镜。目前,小波变换已广泛地应用于信号处理、图形编码及数值计算等方面,逐渐成为一种通用的分析方法。

声发射信号包含一系列频率信号的信息,具有随机性、不确定性和非平稳性。而小波分析具有同时在时域和频域表征信号局部特征的能力,既能对信号中的短时高频成分进行有效分析,又能对信号中的低频缓变成分进行精确估计,这对于分析含有瞬态现象并具有频谱多模态性特点的声发射信号是最合适的。

目前,小波分析在声发射信号处理中主要有以下几个方面的应用:

① 信号源识别。通过小波变换,可在不同频率段上提取波形,使成分复杂的数据波形分离成具有单一特征的波,并且能够同时对声发射数据进行时–频分析,获取较为全面的信号源特征,并进一步对信号源进行识别。

② 特征参数检测。利用小波分析可以有效分离相互叠加的事件,并结合全波形数据,使事件尽量少丢失;同时,利用小波变换检测声发射事件计数,与阈值电平无关,可大大提高事件计数的准确率。

③ 噪声剔除。小波强大的分解、细化能力可用来从噪声信号中找出有效成分,分解合成时可以去掉不理想的通道,使声发射数据更加规则化,从而达到去除噪声、提取有效信息的目的。

④ 源定位。主要是利用小波变换提取声发射数据波形单一频率或某一很窄频段的波形,并选取形成波形的峰值对衰减的信号进行有效补偿,进而高精度地计算时差。由于现在声发射源定位多采用时差定位法,利用小波变换可大大提高源定位精度。国外有学者提出一种新的小波包族,将小波分析与傅里叶分析相结合,能够以所要求的精度实现对未知波形声发射源的检测和定位。

3.2.2　小波分析理论基础

1. 小波变换的基本定义

小波变换的基本思想与傅里叶变换是一致的,它也是用一族函数来表示信号的函数,这一族函数称为小波函数系。但是小波函数系与傅里叶变换所用的正弦函数不同,它是由一个基本小波函数的平移和伸缩构成的。

(1) 连续小波变换

设函数 $\psi(t) \in L^1 \bigcap L^2$,将 $\psi(t)$ 的傅里叶变换记为 $\hat{\psi}(t)$,如果满足

$$\int_{-\infty}^{\infty} \frac{|\hat{\psi}(\omega)|^2}{|\omega|} d\omega < \infty \tag{3-3}$$

则称 $\psi(t)$ 为一个基本小波或小波母函数。式(3-3)称为可容性条件。将

$$\psi_{a,b}(t) = |a|^{-\frac{1}{2}} \psi\left(\frac{t-b}{a}\right) \tag{3-4}$$

称为基本小波或小波母函数 $\psi(t)$ 依赖于 $a,b(a,b \in \mathbf{R}, a \neq 0)$ 生成的连续小波,a 称为尺度参数,b 称为平移参数。尺度参数 a 改变连续小波的形状,平移参数 b 改变连续小波的位移。

函数 $f(t)$ 的小波变换为

$$W_f(a,b) = |a|^{-\frac{1}{2}} \int_{\mathbf{R}} f(t) \bar{\psi}\left(\frac{t-b}{a}\right) dt \tag{3-5}$$

式中:$\bar{\psi}(t)$ 为函数 $\psi(t)$ 的复共轭。由可容性条件得

$$\int_{-\infty}^{\infty} \psi(t) dt = 0 \tag{3-6}$$

$W_f(a,b)$ 的逆变换为

$$f(t) = \frac{1}{c_\psi} \int_{\mathbf{R}} \int_{\mathbf{R}} \frac{1}{a^2} W_f(a,b) \psi_{a,b}(t) da db \tag{3-7}$$

式中：

$$c_\psi = \int_{-\infty}^{\infty} \frac{|\hat{\psi}(\omega)|^2}{|\omega|} \mathrm{d}\omega < \infty \qquad (3-8)$$

连续小波 $\psi_{a,b}(t)$ 在时域空间和频域空间都具有局部性，其作用与窗口傅里叶变换中的函数 $g(t-\tau)\mathrm{e}^{-j\omega t}$ 相类似。两者的本质区别在于：随着 $|a|$ 的减小，$\psi_{a,b}(t)$ 的时域窗口变小，频谱向高频部分集中，因而时域分辨率升高。也就是说，小波变换对不同的频率在时域上的取样步长是具有调节性的：对低频信号小波变换的时间分辨率较低，而频率分辨率较高；对高频信号小波变换的时间分辨率较高，而频率分辨率较低，这正符合低频信号变化缓慢而高频信号变化迅速的特点。小波变换能将信号分解成交织在一起的多种尺度成分，并对于大小不同的尺度成分采用相应粗细的时域或频域取样步长，从而能够不断地聚焦到对象的任意微小细节。这也是人们常称其为"数学显微镜"的原因。

（2）离散小波变换

在实际应用时主要是使用其离散形式。定义

$$\psi_{m,n}(t) = a_0^{m/2}\psi(a_0^m t - nb_0), \qquad m,n \in \mathbf{Z}; a_0 > 1; b_0 > 0 \qquad (3-9)$$

为连续小波 $\psi(t)$ 的离散形式。

对于 $f \in L^2(\mathbf{R})$，将式（3-5）中的因子 a 和 b 进行离散化，即取 $a = a_0^j(a_0 > 1)$，$b = ka_0^j b_0$ $(b_0 \in \mathbf{R}; j,k \in \mathbf{Z})$，则相应的离散小波变换为

$$c_f(m,n) = \int_{-\infty}^{\infty} f(t)\bar{\psi}_{m,n}(t)\mathrm{d}t \qquad (3-10)$$

其重构公式为

$$f(t) = C \sum_{m=-\infty}^{+\infty} \sum_{n=-\infty}^{+\infty} c_f(m,n)\psi_{m,n}(t) \qquad (3-11)$$

式中：C 是一个与信号无关的常数。

下面分析对于离散小波变换，由 $c_f(m,n)$ 能否确定唯一的函数 $f(t)$。

将离散化参数取为 $a_0 = 2, b_0 = 1$（此时又称为二进小波），则式（3-9）变为

$$\psi_{m,n}(t) = 2^{m/2}\psi(2^m t - n) \qquad (3-12)$$

若 $\{\psi_{m,n}(t)\}_{m,n\in\mathbf{Z}}$ 构成 $L^2(\mathbf{R})$ 空间的一组规范正交基，即

$$\int_{-\infty}^{\infty} \psi_{m,n}(t)\bar{\psi}_{m',n'}(t)\mathrm{d}t = \begin{cases} 1, m=m', n=n' \\ 0, 其他情况 \end{cases} \qquad (3-13)$$

则对于任意 $f(t) \in L^2(\mathbf{R})$，有展开式

$$f(t) = \sum_{m,n\in\mathbf{Z}} c_f(m,n)\psi_{m,n}(t) \qquad (3-14)$$

可见，只要构造出 $L^2(\mathbf{R})$ 空间的一组规范正交基（小波母函数），对于离散小波变换，同样能够唯一确定函数 $f(t)$。Mallat 将各种正交小波基的构造统一起来，在正交小波基构造的框架下，给出了信号的分解算法和重构算法——Mallat 算法。

2. Mallat 算法

Mallat 于 1989 年提出了多尺度分析（Multiscale Analysis）和多分辨率逼近（Multiresolution Approximation）的概念，将正交小波基的构造纳入统一的框架之中，同时给出了小波快速算法——Mallat 算法。信号通过 Mallat 算法进行层层分解的过程就是小波分解的过程。

(1) 多尺度分析

如果 $u(x) \in L^2(\mathbf{R})$，则满足下列条件的 $L^2(\mathbf{R})$ 空间中的一列子空间 $\{V_j\}_{j \in \mathbf{Z}}$ 称为 $L^2(\mathbf{R})$ 的多尺度分析：

单调性：$V_j \subset V_{j-1} (j \in \mathbf{Z})$；

逼近性：$\bigcap V_j = \{0\}$，$\bigcup V_j = L^2(\mathbf{R})(j \in \mathbf{Z})$；

伸缩性：$u(x) \in V_j \Leftrightarrow u(2x) \in V_{j-1}$；

平移不变性：$u(x) \in V_j \Rightarrow u(x - 2^{-j}k) \in V_j (k \in \mathbf{Z})$；

类似性：令 A_j 是用尺度 2^{-j} 逼近信号 $u(x)$ 的算子，在尺度为 2^{-j} 的所有逼近函数 $g(x)$ 中，对于任意给定的 $g(x) \in V_j$，下式成立：

$$\| g(x) - u(x) \| \geqslant \| A_j u(x) - u(x) \| \tag{3-15}$$

Riesz 基：存在 $g(x) \in V_j$，使得 $\{g(x - 2^{-j}k) \mid k \in \mathbf{Z}\}$ 构成 V_j 的 Riesz 基，即对任意给定的 $u(x) \in V_j$，存在唯一序列 $\{a_k\} \in l^2$（平方可和列），使得

$$u(x) = \sum_{k \in \mathbf{Z}} a_k g(x - k) \tag{3-16}$$

$$A \| u \|^2 \leqslant \sum_{k=-\infty}^{+\infty} | a_k |^2 \leqslant B \| u \|^2, \qquad A, B > 0 \tag{3-17}$$

成立。而矢量空间 $\{V_j\}_{j \in \mathbf{Z}}$ 的正交基可以通过伸缩和平移某函数 $\varphi(x)$ 实现，且函数 $\varphi(x)$ 是唯一的。

令 $\{V_j\}_{j \in \mathbf{Z}}$ 是 $L^2(\mathbf{R})$ 的多尺度分析，则存在一个唯一的函数 $\varphi(x) \in L^2(\mathbf{R})$，使得它的伸缩平移系

$$\{\varphi_{j,k}(x) = 2^{-j/2}\varphi(2^{-j}x - k) \mid k \in \mathbf{Z}\} \tag{3-18}$$

构成空间 V_j 的一个规范正交基。其中函数 $\varphi(x)$ 称为 $\{V_j\}_{j \in \mathbf{Z}}$ 的尺度函数。

对于不同的多尺度分析，其尺度函数是不同的。因此，多尺度分析的关键问题是如何构造其尺度函数。

(2) 多分辨率分析

小波变换对信号的分解功能是通过小波变换将原始信号分解为低频近似分量和高频细节分量。多分辨率分析只是对低频部分进行进一步分解。图 3-2 所示为 3 层多分辨率分析结构树。

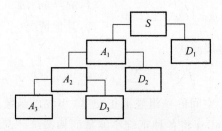

图 3-2　多分辨率分析结构树

原始信号 S 经过 3 层多分辨率分析分解后，其分解关系为

$$S = A_3 + D_3 + D_2 + D_1 \tag{3-19}$$

原始信号 S 分解后，其近似分量 A 是大尺度上信号的低频成分，细节分量 D 是小尺度上信号的高频成分。在小波多分辨率分解中，若将信号中的最高频率成分看作是 1，则各层小波

分解便是带通或低通滤波器,各层所占的具体频带为

$$A_1:0\sim0.5;\qquad D_1:0.5\sim1$$
$$A_2:0\sim0.25;\qquad D_2:0.25\sim0.5$$
$$A_3:0\sim0.125;\qquad D_3:0.125\sim0.25$$

(3) Mallat 算法的实现

Mallat 在 Burt 图像分解和重构的塔式算法(Pyramidal Algorithm)的启发下,基于多分辨率框架,提出了塔式多分辨率分解与综合算法——Mallat 算法。该算法在小波分析中有着十分重要的地位。

Burt 的塔式算法的基本思想是将一个分辨率为 1 的离散逼近 $A_0 f$ 分解成一个粗分辨率为 2^{-J} 的逼近 $A_J f$ 和逐次细节信号 $D_j f(0<j\leqslant J)$。假定已经计算出一个函数 $f(t)\in L^2(\mathbf{R})$ 在分辨率 2^{-j} 下离散逼近 $A_j f$,则 $f(t)$ 在较粗分辨率 $2^{-(j+1)}$ 的离散逼近 $A_{j+1} f$ 可通过用离散低通滤波器对 $A_j f$ 滤波获得。

令 $\varphi(t)$ 和 $\psi(t)$ 分别是函数 $f(t)$ 在 2^{-j} 分辨率逼近下的尺度函数和小波函数,则其离散逼近 $A_j f(t)$ 和细节部分 $D_j f(t)$ 可分别表示为

$$A_j f(t) = \sum_{k=-\infty}^{\infty} C_{j,k}\varphi_{j,k}(t) \qquad (3-20)$$

$$D_j f(t) = \sum_{k=-\infty}^{\infty} D_{j,k}\psi_{j,k}(t) \qquad (3-21)$$

式中:$C_{j,k}$ 和 $D_{j,k}$ 分别为 2^{-j} 分辨率下的粗糙像系数和细节系数。

根据 Mallat 算法的思想,有

$$A_j f(t) = A_{j+1} f(t) + D_{j+1} f(t) \qquad (3-22)$$

式中:

$$A_{j+1} f(t) = \sum_{m=-\infty}^{\infty} C_{j+1,m}\varphi_{j+1,m}(t) \qquad (3-23)$$

$$D_{j+1} f(t) = \sum_{m=-\infty}^{\infty} D_{j+1,m}\psi_{j+1,m}(t) \qquad (3-24)$$

于是

$$\sum_{m=-\infty}^{\infty} C_{j+1,m}\varphi_{j+1,m}(t) + \sum_{m=-\infty}^{\infty} D_{j+1,m}\psi_{j+1,m}(t) = \sum_{k=-\infty}^{\infty} C_{j,k}\varphi_{j,k}(t) \qquad (3-25)$$

式中:尺度函数 $\varphi(t)$ 是标准正交基,$\psi(t)$ 为标准正交小波,有

$$\varphi_{j+1,m}(t) = 2^{-(j+1)/2}\varphi[2^{-(j+1)/2}t-m] = 2^{-(j+1)/2}\cdot\sqrt{2}\sum_{i=-\infty}^{\infty} h(i)\varphi(2^{-j}t-2m-i) \qquad (3-26)$$

将式(3-26)两边同乘以 $\varphi_{j,k}^*(t)$,并做关于 t 的积分,利用 $\varphi_{j,k}(t)$ 的正交性,有

$$\langle \varphi_{j+1,m},\varphi_{j,k} \rangle = h^*(k-2m) \qquad (3-27)$$

类似地,有

$$\langle \varphi_{j,k},\psi_{j+1,m} \rangle = g^*(k-2m) \qquad (3-28)$$

将式(3-25)的两边同乘以 $\varphi_{j+1,k}^*(t)$,并做关于 t 的积分,利用式(3-27)得

$$C_{j+1,m} = \sum_{k=-\infty}^{\infty} h^*(k-2m)C_{j,k} \qquad (3-29)$$

将式(3-25)的两边同乘以 $\psi_{j+1,k}^*(t)$，并做关于 t 的积分，利用式(3-28)有

$$D_{j+1,m} = \sum_{k=-\infty}^{\infty} h^*(k-2m)C_{j,k} \tag{3-30}$$

将式(3-25)两边同乘以 $\varphi_{j,k}^*(t)$，并做关于 t 的积分，利用式(3-27)和式(3-28)有

$$C_{j,k} = \sum_{m=-\infty}^{\infty} h(k-2m)C_{j+1,k} + \sum_{m=-\infty}^{\infty} g(k-2m)D_{j+1,k} \tag{3-31}$$

引入无穷矩阵 $\boldsymbol{H} = [H_{m,k}]_{m,k=-\infty}^{\infty}$ 和 $\boldsymbol{G} = [G_{m,k}]_{m,k=-\infty}^{\infty}$，其中 $H_{m,k} = h^*(k-2m)$，$G_{m,k} = g^*(k-2m)$，则式(3-29)、式(3-30)和式(3-31)可分别记为

$$\begin{cases} \boldsymbol{C}_{j+1} = \boldsymbol{HC}_j, \\ \boldsymbol{D}_{j+1} = \boldsymbol{GC}_j, \end{cases} \qquad j = 0,1,2,\cdots,J \tag{3-32}$$

$$\boldsymbol{C}_j = \boldsymbol{H}^* \boldsymbol{C}_{j+1} + \boldsymbol{G}^* \boldsymbol{D}_{j+1}, \qquad j = J,\cdots,2,1,0 \tag{3-33}$$

式中：$\boldsymbol{H}^*$ 和 $\boldsymbol{G}^*$ 分别是 $\boldsymbol{H}$ 和 $\boldsymbol{G}$ 的对偶算子(共轭转置矩阵)。

式(3-32)就是著名的一维 Mallat 塔式分解算法，式(3-33)则是一维 Mallat 塔式重构算法。

这样，Mallat 塔式算法的实现就转换为滤波器组 $\boldsymbol{G}$ 和 $\boldsymbol{H}$ 的设计。滤波器 $\boldsymbol{H}$ 的作用是实现函数 $f(t)$ 的逼近，而滤波器 $\boldsymbol{G}$ 的作用是抽取 $f(t)$ 的细节，所以 $\boldsymbol{H}$ 可以看成是低通滤波器，$\boldsymbol{G}$ 可以看成是带通滤波器。

3.2.3　基于小波分析的声发射信号剔噪方法

根据上述小波变换的原理，利用小波变换剔除声发射信号噪声的基本步骤如下：

① 选择一个小波函数并确定小波分解的层数 N，对原始信号进行 N 层小波分解；

② 去除噪声通道，提取有用信号频带；

③ 对所提取信号通道的高频层小波分解系数进行阈值量化；

④ 根据低频层系数及经阈值量化后的高频层系数进行信号的小波重构，得到剔噪后的信号。

1.　小波函数的选择

小波分析在工程应用中的一个重要问题是最优小波基的选择。小波种类较多，不同的小波具有不同的时、频特性，用不同的小波基分析同一个问题会产生不同的结果。因此，在声发射信号降噪处理中，从众多的小波函数中选取合适的小波，是有效利用小波变换提取干扰环境中声发射信息的关键。

由式(3-5)可知，小波变换系数 $W_f(a,b)$ 实际上是信号 $f(t)$ 和小波 $\psi\left(\dfrac{t-b}{a}\right)$ 的相关系数，它反映的是相应时段的信号和选定小波之间的相似程度，$W_f(a,b)$ 的值越大，信号和小波之间相似度就越高。这正是对于同一信号选择不同的小波进行分解，其结果差异很大的原因。通常，选择小波的定性判据是：所选小波的时域和频域特性应分别与被分析信号的时域和频域特性接近，二者的相似程度越高，分析效果越好。

另外，根据最小熵值定量判据，最优小波函数应是使小波分解取得最小熵值的小波函数。

这里采用定性判据与最小熵值定量判据相结合来选择小波函数。具体方法是：选择几种与所处理的声发射信号时域、频域特性分别相近的小波函数，分别用这些小波函数计算待降噪处理声发射信号的熵值。在各段熵值 E_j 中，最小熵值 $E_{\min} = \min\{E_j\}$ 对应的小波函数即可选作小波变换运算的基函数。

　　下面以腐蚀损伤声发射信号的小波降噪为例,分析声发射信号降噪处理的一般过程。图 3-3 所示为 5A03(旧牌号为 LF3)铝合金在硝酸溶液中发生腐蚀损伤时声发射检测获得的声发射信号的时域波形图。

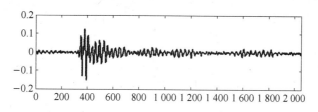

图 3-3　腐蚀损伤中典型的声发射信号波形图

　　通过比较发现,db6、db7、db8、db9、sym7、sym8 这 6 种小波与腐蚀声发射信号的时域、频域特性比较相似,因此,可以根据最小熵值定量判据,从上述 6 种小波中选择最优小波函数。

　　信号小波分解的熵有多种,这里选用香农(Shannon)熵标准,其定义为

$$E(S) = -\sum_{i=1}^{N} S_i^2 \lg S_i^2 \tag{3-34}$$

式中:S 是待处理信号,$E(S)$ 是 S 的熵值,S_i 是信号 S 在正交基下的小波分解系数。

　　选取铝合金 5A03 在 7 种不同浓度硝酸溶液中进行腐蚀试验时获得的典型声发射信号,用上述 6 种小波进行分解,求得各种情况下小波分解的熵值如表 3-1 所列。

表 3-1　7 组典型腐蚀声发射信号小波分解的熵值

原始信号 小波函数	$S_1(0.1\%)$	$S_2(0.5\%)$	$S_3(1.0\%)$	$S_4(1.4\%)$	$S_5(1.7\%)$	$S_6(3.0\%)$	$S_7(10.0\%)$
db6	3.667 6	0.887 3	6.664 5	2.690 4	2.283 6	3.446 9	10.040 8
db7	3.693 5	0.913 2	6.736 0	2.706 3	2.151 8	3.482 6	10.671 2
db8	3.724 3	0.886 4	6.689 0	2.639 3	2.232 5	3.437 5	10.360 7
db9	3.657 2	0.906 8	6.671 3	2.673 0	2.166 1	3.410 6	10.067 1
sym7	3.629 1	0.902 1	6.616 2	2.620 0	2.151 0	3.407 9	10.650 2
sym8	3.853 0	0.888 6	6.675 4	2.645 0	2.221 7	3.455 6	10.453 8
最小熵值对应 的小波函数	sym7	db8	sym7	sym7	sym7	sym7	db6

注:① "原始信号"一行括号中的百分数为试验所用硝酸溶液的浓度;

　　② 表中阴影表示该数据为不同小波对同一信号分解所得熵值(即所在列数据)的最小值。

　　由表 3-1 可知,对于铝合金 5A03 腐蚀检测试验中获得的腐蚀声发射信号,用 sym7 小波分解时有 5 次总熵值最小,用 db6、db8 分解时各有 1 次总熵值最小,因此选取 sym7 小波作为腐蚀声发射信号小波变换的小波函数。

2. 声发射信号的小波分解

　　从理论上来说,图 3-2 所示的小波分解可以无限分下去,但由于实际信号的数据长度都是有限的,小波分解至多能够分解到最低层只含一个数据点,因而多分辨率分析的分解层数是有限制的,其有效分解层数的最大值可通过 MATLAB 软件中的 wmaxlev() 函数获得。在铝合金 5A03 腐蚀检测试验中,声发射信号数据长度(即 4.1.5 小节中介绍的"每组采样数")设

置为 2 048 个点,由 wmaxlev() 函数求得用 sym7 小波函数对试验数据进行小波变换的最大分解层数为 7。用 smy7 小波对上述 $S_1 \sim S_7$ 这 7 个腐蚀声发射信号分别进行 3、4、5、6、7 层分解,经比较发现 4 层分解的效果最好,因而分解层数 N 选为 4。图 3-4 所示为信号 S_6 原始波形及通过 MATLAB 软件用 sym7 小波进行 4 层分解的结果。

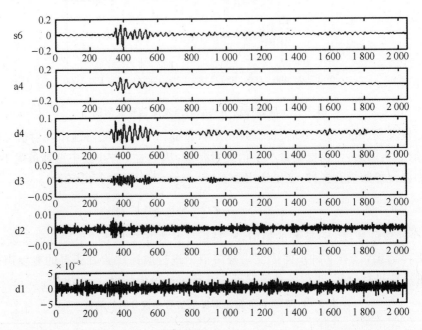

图 3-4　声发射信号 S_6 原始波形及用 sym7 小波进行 4 层分解的结果

3. 去除噪声通道

由图 3-4 可以看出,d1、d2 明显为噪声通道,d3 幅度很小,重构时是否选取该通道对结果没有太大影响,波形成分主要集中在 a4、d4 层。因此,重构时去掉 d1、d2 通道。方法是:强制该两层的小波分解系数为零。d3 通道不妨保留,其中的噪声成分用小波分解系数的阈值量化方法可以去除。去除噪声通道后,用 a4、d4、d3 三层重构得到的信号波形 SC6 如图 3-5 所示。

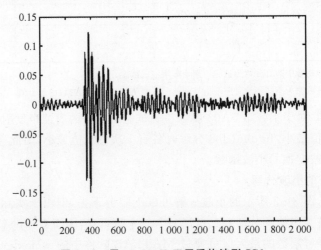

图 3-5　用 a4、d4、d3 三层重构波形 SC6

4. 高频层系数阈值的确定

对小波分解高频层系数进行阈值量化的目的,是进一步剔除所保留通道(如上一步骤中的 d3、d4)细节分量中的噪声成分,获得尽可能真实的声发射信号。选择阈值的方法一般有两种:默认阈值法和给定阈值法。

默认阈值法是根据信号处理的基本理论构造一个函数,利用该函数产生被处理信号的默认阈值,再利用该阈值进行信号的消噪处理。在实际消噪处理中,默认阈值可由 MATLAB 软件中的 ddencmp() 函数获得。

给定阈值法是依据一定规则对小波分解的各高频层系数分别选取一个阈值进行阈值量化。常用的规则有两种:一是运用 MATLAB 软件中的 thselect() 函数来确定,再根据消噪效果对阈值进行适当调整;二是先对现场环境噪声进行测量,并根据噪声水平及分解特性来确定各层阈值。

在这两种阈值选择方法中,给定阈值法根据各层信号成分的具体情况动态地调节阈值,相比于默认阈值具有更好的适应性。在给定阈值的规则选择方面,第二种规则考虑了现场噪声,具有较高的可信度。因此,这里选用第二种规则,根据现场噪声水平来确定各层阈值。

在进行 5A03 腐蚀试验时,测得背景噪声水平为 25 dB,由此确定各层阈值如下:d4 层阈值为 0.011 1,d3 层阈值为 0.018 7。

5. 信号重构

根据上面确定的阈值,对小波分解的各高频层系数进行软阈值量化,再根据低频层 a4 及经软阈值量化处理后的高频层 d4、d3 的系数,运用 MATLAB 软件对信号进行重构,得到原始信号 S_6 完全剔噪后的信号波形 SCC6 如图 3-6 所示。

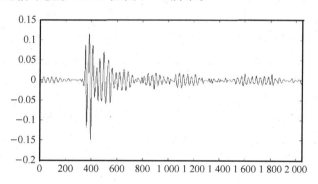

图 3-6　声发射信号 S_6 经剔噪后重构的波形 SCC6

3.2.4　小波剔噪效果分析

图 3-7 所示为 5A03 合金在 0.3% 硝酸溶液中腐蚀产生的声发射信号原始波形及运用小波分析方法剔噪后的信号波形。图中:"去除噪声通道后的信号 SC"指的是在 MATLAB 软件中对原始信号 S 运用 sym7 小波分解并去掉噪声通道但尚未对各高频层系数进行软阈值量化的信号;"剔噪后的信号 SCC"指的是对各高频层系数进行软阈值量化并重构获得的信号。对比图中三个信号的波形可以看出,SC、SCC 两信号波形已去掉了原始信号波形中的绝大部分噪声,因而比 S 信号波形光滑得多,并保留有原始信号中的全部腐蚀声发射信息。SC 信号波形由于仅去除了噪声通道,所保留通道系数中仍含有噪声成分,需要进一步处理。经高频层系数阈值量化后的信号 SCC 不仅保留了原始信号的所有腐蚀声发射信息,而且去掉了绝大部分

甚至全部噪声,波形最光滑,并且具有基本平直的前端,剔噪效果最好。

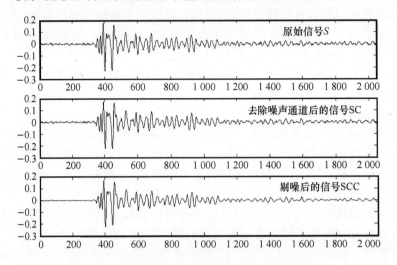

图 3 - 7　原始声发射信号及剔噪后的信号波形对比

图 3 - 8 所示为腐蚀损伤声发射检测试验中获得的腐蚀声发射信号原始信号波形及用 sym7 小波进行 4 层分解后重构得到的信号波形和二者的误差曲线。计算得到原始信号和重构信号误差的最大值为 $7.230\ 3 \times 10^{-14}$,标准差为 $1.744\ 6 \times 10^{-14}$,二者都极小,表明 sym7 小波用于腐蚀声发射信号的分解与重构具有很高的精度。

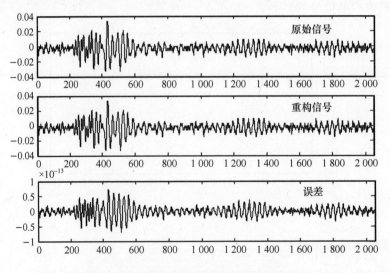

图 3 - 8　原始信号与重构信号的误差比较

3.3　基于关联图分析法的声发射信号降噪技术

关联图分析法是声发射信号处理中常用的方法之一,它通过对声发射信号的任意两个表征参数作关联图进行分析。关联图中的两个坐标轴各表示一个参数,每个显示点对应于一个声发射信号撞击或事件。通过不同表征参数的关联图,可以分析声发射源的特征,从而起到鉴别声发射源的作用。例如,有些电子干扰信号通常具有很高的幅值,但能量却很小,通过幅值-

能量关联图可将其区分出来。又例如,对于压力容器来说,内部介质泄漏信号与背景噪声信号相比,持续时间更长,通过能量-持续时间或幅值-持续时间关联图分析,可将泄漏信号从环境噪声中提取出来。

下面以金属材料 30CrMnSi 裂纹损伤声发射检测为例,说明运用关联图分析法对声发射信号进行降噪处理的一般方法。试验中分别采集了裂纹损伤、金属摩擦和基座振动三类典型声发射信号。根据相关理论和经验,这三类信号在持续时间、幅值、振铃计数方面各自具有不同的特点,因此可以采用关联图分析法将它们区分开来。图 3-9、图 3-10 所示分别为上述三类声发射信号的幅值-持续时间关联图和幅值-振铃计数关联图,图中的曲线为采用最小二乘法对表征参数进行二次多项式拟合后得到的曲线。从两图中可以看出,这三类声发射信号的幅值-持续时间的分布区域与幅值-振铃计数的分布区域有显著的区别,且它们的拟合曲线也有较明显的差别。在声发射信号的低幅值区域,三种信号的关联图分析的分类效果不太明显,但随着信号幅值的增加,分类效果趋于显著。

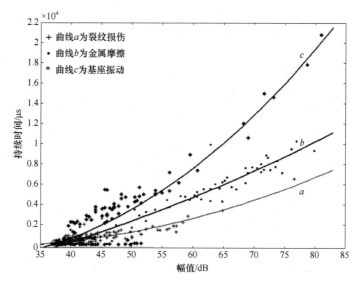

图 3-9 幅值-持续时间关联图

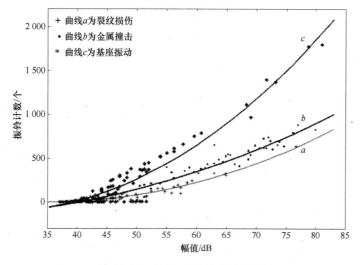

图 3-10 幅值-振铃计数关联图

采用最小二乘法对上述三类声发射信号的表征参数进行二次多项式拟合,结果如下:

图 3-9 中的曲线 a：$D_a = 2.24 \times A_a^2 - 110.12 \times A_a + 1\ 118.6$

图 3-9 中的曲线 b：$D_b = 1.33 \times A_b^2 + 89.78 \times A_b - 5\ 517.2$

图 3-9 中的曲线 c：$D_c = 6.08 \times A_c^2 - 259.85 \times A_c + 1\ 256.7$

图 3-10 中的曲线 a：$CNTS_a = 0.37 \times A_a^2 - 25.79 \times A_a + 454.69$

图 3-10 中的曲线 b：$CNTS_b = 0.25 \times A_b^2 - 7.28 \times A_b - 114.04$

图 3-10 中的曲线 c：$CNTS_c = 0.71 \times A_c^2 - 38.72 \times A_c + 431.21$

以上各式中 D、A、$CNTS$ 依次代表信号的持续时间、幅值和振铃计数,下标 a、b、c 依次对应裂纹损伤声发射信号、金属摩擦声发射信号和基座振动声发射信号。

从上述分析可知,不同类型声发射信号的表征参数的关联图分析存在较大的差别。对于同样幅值的信号,裂纹损伤声发射信号的振铃计数、持续时间分别低于金属摩擦和基座振动两类噪声信号的振铃计数、持续时间。因此,利用声发射信号的这一特性可以对采集的原始信号进行降噪处理,并可用于鉴别声发射源的类型。

3.4　材料损伤声发射信号的模式识别

在运用声发射技术对材料(或构件)进行检测的过程中,操作者的经验一直发挥着非常重要的作用,并在一定程度上弥补了现有检测仪器性能和信号处理手段方面的不足。但是,检测过程中人为因素的引入影响了分析结果的客观性和准确性。对于同样的现象,不同的操作者可能会得出不同的结论。这一问题曾经在相当长的一个时期内严重地制约了声发射技术的发展和推广应用。对此,许多学者和仪器生产厂家尝试采用模式识别技术对材料(和构件)损伤进行声发射自动化检测。这既是声发射技术发展的需要,也是相关领域技术(尤其是计算机技术)发展的必然结果。

3.4.1　模式识别的概念

模式识别(Pattern Recognition)是 20 世纪 60 年代初迅速发展起来的一门边缘学科。一般来说,模式识别指的是对一系列过程或事件的分类与描述,而要加以分类的过程或事件可以是物理对象,也可以是抽象对象。在一些应用领域中,有些专家将模式识别称为数量(或数值)分类学。但是,严格地说,模式识别并不是简单的分类学,其目标应包括对系统的描述、理解与综合。

一个完整的模式识别系统由设计与实现两部分组成。设计是指用一定数量的样品(一个识别对象称为一个样品,相当于数理统计中的个体或抽样,其集合称为样本)进行分类器的设计;实现是指用所设计的分类器对待识别的样品进行分类决策。

以统计模式识别方法为例,其识别系统主要由四部分组成(见图 3-11):数据获取、预处理、特征提取与选择以及分类决策。在设计阶段,通过对训练样本进行测量,获取大量数据,并对这些数据进行量纲标准化等预处理,再提取或选择出最适于分类的少量特征,根据特征的分布规律设计出合理的分类器,完成训练过程。对于待识别样品,使其经过数据获取、预处理和特征提取后进入分类器,根据判别规则对其进行分类识别。

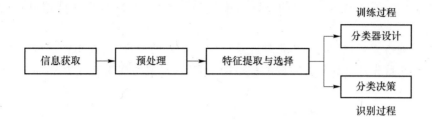

图 3 - 11　模式识别系统的基本构成

3.4.2　模式识别方法分类

根据识别过程中所采用的机制和规则的不同,模式识别可分为统计决策法、句法结构法、模糊识别法和人工智能法四大类。

1. 统计决策法

统计决策法模式识别是将模式表示成特征向量的形式,根据特征向量在空间分布的统计规律,采用距离相似性准则或 Bayes 法则进行分类判别。统计决策法使用的实际上是模式的数学特征。

根据样本先验知识情况,统计决策法存在两种分类问题:一是类别数量已经确定,并且有一批已分类的训练样品,以此为基础寻求某种判别法则,然后利用法则对未知类别的样品进行分类,这类问题称为分类判别问题,相应的方法称为有教师学习方法;二是在样本类别以及类别数量未知的情况下,要求直接对其进行分类或利用它设计分类器,这样的问题称为聚类或聚类分析,其方法称为无教师学习方法。

统计决策法模式识别中的模板匹配法是模式识别中最原始、最基本的方法,其匹配的好坏程度取决于模板和样品各部分之间的统计相似程度。

2. 句法结构法

对于某些识别对象,如图片、语言、景物等,结构信息是其主要特征。这类对象的模式比较复杂。为进行识别,需要将其划分成若干个较简单的子模式,而子模式又分为若干基元,通过对基元的识别,进而识别子模式,最终识别该复杂模式。由于描述这类模式的结构类似于语言的语法,故其模式识别方法称为句法结构法。基元间的合成操作关系被称为语法规则。当待识模式的每个基元被识别后,再分析其语法,根据基元及语法规则最终确定其模式。

3. 模糊识别法

在模式识别过程中引入模糊数学的概念,即成为模糊模式识别。对于外延不确定的模式,可以采用模糊集合对其进行描述,然后根据择近原则进行分类。这种方法在识别过程中多采用隶属度、贴近度及模糊关系作为识别的手段。在实际应用中,模糊识别法更多地被用于聚类分析。

4. 人工智能法

基于人工智能的模式识别技术是近年来人工智能领域的一个重要发展。目前,引入模式识别领域的人工智能方法主要有两类:一是逻辑推理;二是人工神经网络。

逻辑推理方法基于对客体的知识表达,运用推理规则识别客体。其中,知识是通过统计(或结构、模糊)识别技术,或人工智能技术获得的对客体的符号性表达,是分类的基础。在此基础上,参考人类对客体进行分类的思路,确定相应的推理规则,启动推理机制,判定客体类别。

人工神经网络模式识别是模仿脑神经系统处理信息的原理,用人工神经网络对模式进行识别的方法。它首先建立起某种结构的神经网络,然后对典型样品进行学习,获得相应的识别算法,再对其余样品进行分类识别。

在上述两种人工智能模式识别方法中,逻辑推理方法是模拟人类抽象思维的结果,而人工神经网络方法则是模拟人类形象思维的结果。

3.4.3　模式识别技术在声发射信号处理中的应用概况

模式识别技术应用于声发射信号分析和处理始于 1982 年。Melton[50]应用自回归(AR)模型对声发射波形信号进行了分析。Graham 和 Elsley[51]于 1983 年应用模式识别技术对飞机结构疲劳裂纹增长产生的声发射信号波形的频谱进行了分析,通过提取声发射信号功率谱中的 7 个特征参量组成 7 维矢量,采用模式识别技术成功地将疲劳裂纹增长信号和裂纹面的摩擦信号分开。随后,Ohtsh 和 Ono 等人应用 AR 模型对钢和复合材料在断裂和焊接过程中产生的声发射以及磁声发射信号进行了大量研究。Chan 采用 AR 模型和功率谱对压力管道泄漏和裂纹扩展的声发射信号成功进行了识别分析。

Botle 和 Scruby 研究了铝合金疲劳的声发射特征和声发射源的机制,指出当声发射源距离传感器较远时,传统的声发射定位和声发射特征分析已很难得出正确结论,而模式识别分析较为有效。

在金属压力容器声发射源模式识别分析方面,刘时风在其博士论文中对典型焊接缺陷的声发射信号进行了经典和现代谱估计模式识别分析得到了一些有意义的结论。戴光在其博士论文中引入模糊理论对压力容器声发射源的严重程度进行了综合评定,经初步应用可以区分压力容器声发射信号源的严重程度。

在复合材料声发射检测方面,采用模式识别技术的报道比较少。Cowking 等应用模式识别技术处理碳纤维束拉伸过程中产生的声发射信号,将声发射信号划分为纤维断裂、纤维摩擦、环境噪声三种模式。杨璧玲[53]等采用分级聚类算法对聚乙烯自增强复合材料拉伸损伤过程中的声发射信号进行了分类,成功识别了试样基体开裂、界面脱粘、纤维拔出和纤维断裂等损伤形式,为研究该种复合材料的断裂损伤机理奠定了基础。

3.5　材料损伤声发射信号处理中的神经网络技术

由于声发射信号具有一定的随机性和模糊性,且声波在材料介质中的传播非常复杂,导致仪器检测到的声发射信号(实质上是声源信号与传播介质的传导函数的卷积)与声源机制(或类型)之间的存在一定的不确定性(或非线性),许多情况下难以根据仪器检测到的声发射信号对材料的状态做出准确判断。在处理这类问题时,神经网络技术的优势十分明显。

3.5.1　神经网络技术及 BP 网络简介

神经网络是人工神经网络(Artificial Neural Networks,ANN)的简称,是 20 世纪 80 年代中后期发展起来的人工智能领域的一个重要分支。它以物理上可以实现的器件、系统或现有的计算机来模拟人脑的结构和功能。从本质上来说，它是一种接近人的认知过程的计算模型，是模仿人的大脑神经元结构特性而建立起来的一种非线性动力学网络系统。神经网络具有自学习、自组织、联想记忆及容错等特点，可以较好地处理不确定的、矛盾的甚至错误的信息。它以高度的并行分布式处理能力、联想记忆、自组织能力、自学习能力和极强的非线性映射能力，在众多领域显示出了广阔的应用前景。

迄今为止，人们已经提出了几十种神经网络模型，如误差反向传播模型（BP）、自适应共振理论模型（ART）、双向联想存储器（BAM）、感知机模型（PTR）、自组织影射模型（SOM）、高斯机模型（BAM）、径向基函数网络模型（RBF）等。其中，BP 网络是目前应用最为广泛的网络模型之一。

BP 网络是一种基于误差反向传播（Error Back Propagation）算法的多层前馈型网络（Multiple Layer Feedforward Network），是由 Rumelhart D E 和 McCelland J L 及其研究小组在 1986 年提出来的。其主要特点是非线性映射能力强，通过学习大量的输入/输出之间的映射关系（网络训练），而不需要给定任何输入和输出之间的精确数学表达式，就能够实现输入/输出之间的映射。Hecht - Nielsen 曾在 1989 年证明，即使仅有一个中间层的三层 BP 神经网络，当中间层神经元数目足够多时，就可以任意精度逼近任何一个具有有限间断点的非线性函数。

BP 网络是目前应用最为广泛的神经网络，据统计有近 90% 的神经网络应用是采用 BP 网络或其变化形式的，它也是前向网络的核心部分。目前，BP 网络的主要应用如下：

① 函数逼近：用输入矢量和相应的输出矢量训练一个网络逼近一个函数。

② 模式识别：用一个特定的输出矢量与输入矢量联系起来。

③ 模式分类：把输入矢量以所定义的合适方式进行分类。

④ 数据压缩：减少输出矢量维数以便于传输或存储。

3.5.2　BP 网络算法原理

1. 拓扑结构

典型的 BP 网络结构模型如图 3 - 12 所示，它由输入层、中间层（又称隐层）和输出层组成，各层之间实现全连接，各层之内无连接。

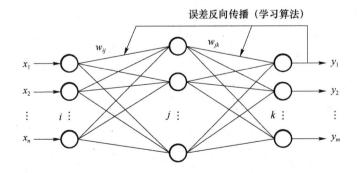

图 3 - 12　BP 网络结构模型

2. BP 网络学习算法

BP 网络的学习算法由样本正向传播、计算输出误差、误差反向传播、更新权值与阈值 4 个过程组成,如图3-13所示。其中,样本正向传播和计算输出误差为向前传播阶段,误差反向传播以及修正权矩阵为向后传播阶段。BP网络的算法流程图如图3-14所示。

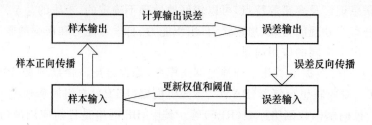

图3-13　BP网络学习算法过程示意图

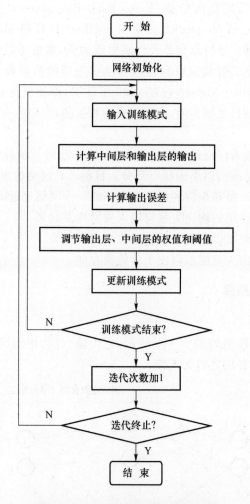

图3-14　BP网络学习算法流程图

为简化问题,下面以三层结构网络(只有一层中间层)为例分析BP网络的学习算法。

(1)样本前向传播

设有输入向量 $\boldsymbol{X}_p = (x_{p1} \quad x_{p2} \quad \cdots \quad x_{pm})^{\mathrm{T}}$(下标 p 表示第 p 次训练,n 为输入层节点数)加到网络的输入层节点,则中间层第 j 个节点的总输入为

$$S_{pj}^{h} = \sum_{i=1}^{n} w_{ji}^{h} \cdot x_{pi} + b_{j}^{h} \qquad (3-35)$$

式中：w_{ji}^{h} 为第 i 个输入层节点到第 j 个中间层节点之间的连接权值；b_{j}^{h} 是第 j 个中间层节点的阈值（也称偏置）；上标 h 表示为中间层的量。

假定该节点的激励等于总的输入，则其输出可表示为

$$O_{pj}^{h} = f^{h}(S_{pj}^{h}) \qquad (3-36)$$

式中：$f^{h}(\cdot)$ 为中间层的传递函数。

类似地，第 k 个输出层节点的总输入和相应的输出可分别表示为

$$S_{pk}^{o} = \sum_{j=1}^{L} w_{kj}^{o} \cdot O_{pj}^{h} + b_{k}^{o} \qquad (3-37)$$

$$O_{pj}^{o} = f^{o}(S_{pk}^{o}) \qquad (3-38)$$

式中：L 为中间层的节点数；w_{kj}^{o} 为第 j 个中间层节点到第 k 个输出层节点之间的连接权值；b_{k}^{o} 是第 k 个输出层节点的阈值；$f^{o}(\cdot)$ 为输出层的传递函数，上标 o 表示输出层的量。

（2）计算输出误差

定义单个输出层节点误差为

$$\delta_{pk} = t_{pk} - O_{pk}^{o} \qquad (3-39)$$

式中：t_{pk} 为目标值；O_{pk}^{o} 为输出层第 k 个节点的实际输出。所有输出层节点的误差平方和为

$$E_{p} = \sum_{k=1}^{m} \delta_{pk}^{2} = \sum_{k=1}^{m} (t_{pk} - O_{pk}^{o})^{2} \qquad (3-40)$$

式中：m 为输出层节点数。

（3）误差反向传播

为了决定中间层和输出层的权值、阈值改变方向，必须计算 E_{p} 对 w_{ji}^{h}、w_{kj}^{o}、b_{j}^{h}、b_{k}^{o} 的负梯度。这里对中间层和输出层分别进行分析计算。

先考虑输出层。由式（3-40）有

$$\frac{\partial E_{p}}{\partial w_{kj}^{o}} = -2(t_{pk} - O_{pk}^{o}) \cdot \frac{\partial O_{pk}^{o}}{\partial w_{kj}^{o}} =$$
$$-2(t_{pk} - O_{pk}^{o}) \cdot \frac{\partial f^{o}(S_{pk}^{o})}{\partial S_{pk}^{o}} \cdot \frac{\partial S_{pk}^{o}}{\partial w_{kj}^{o}} \qquad (3-41)$$

式中：$\frac{\partial S_{pk}^{o}}{\partial w_{kj}^{o}} = \frac{\partial}{\partial w_{kj}^{o}} (\sum_{j=1}^{L} w_{kj}^{o} O_{pj}^{h} + b_{k}^{o}) = O_{pj}^{h}$。若将 $\frac{\partial f^{o}(S_{pk}^{o})}{\partial S_{pk}^{o}}$ 记为 $f^{o\prime}(S_{pk}^{o})$，则 E_{p} 对权值 w_{kj}^{o} 的负梯度为

$$-\frac{\partial E_{p}}{\partial w_{kj}^{o}} = 2(t_{pk} - O_{pk}^{o}) \cdot f^{o\prime}(S_{pk}^{o}) \cdot O_{pj}^{h} \qquad (3-42)$$

类似地，可得 E_{p} 对阈值 b_{k}^{o} 的负梯度为

$$-\frac{\partial E_{p}}{\partial b_{k}^{o}} = 2(t_{pk} - O_{pk}^{o}) \cdot f^{o\prime}(S_{pk}^{o}) \qquad (3-43)$$

对于中间层，先将输出层节点误差平方和表达式（3-40）改写成如下关于中间层参数的函数形式：

$$E_{p} = \sum_{k=1}^{m} (t_{pk} - O_{pk}^{o})^{2} =$$

$$\sum_{k=1}^{m} \left[t_{pk} - f^{\mathrm{o}}(S_{pk}^{\mathrm{o}}) \right]^2 =$$

$$\sum_{k=1}^{m} \left[t_{pk} - f^{\mathrm{o}}\left(\sum_{j=1}^{L} w_{kj}^{\mathrm{o}} O_{pj}^{\mathrm{h}} - b_k^{\mathrm{o}} \right) \right]^2 \qquad (3-44)$$

于是，E_p 对 w_{ji}^{h} 的负梯度为

$$-\frac{\partial E_p}{\partial w_{kj}^{\mathrm{h}}} = 2 \sum_{k=1}^{m} (t_{pk} - O_{pk}^{\mathrm{o}}) \cdot \frac{\partial O_{pk}^{\mathrm{o}}}{\partial S_{pk}^{\mathrm{o}}} \cdot \frac{\partial S_{pk}^{\mathrm{o}}}{\partial O_{pj}^{\mathrm{h}}} \cdot \frac{\partial O_{pj}^{\mathrm{h}}}{\partial S_{pj}^{\mathrm{h}}} \cdot \frac{\partial S_{pj}^{\mathrm{h}}}{\partial w_{ji}^{\mathrm{h}}} \qquad (3-45)$$

式中：$\dfrac{\partial S_{pk}^{\mathrm{o}}}{\partial O_{pj}^{\mathrm{h}}} = \dfrac{\partial}{\partial O_{pj}^{\mathrm{h}}}\left(\sum_{j=1}^{L} w_{kj}^{\mathrm{o}} O_{pj}^{\mathrm{h}} - b_k^{\mathrm{o}} \right) = w_{kj}^{\mathrm{o}}$；$\dfrac{\partial S_{pk}^{\mathrm{o}}}{\partial w_{ji}^{\mathrm{h}}} = \dfrac{\partial}{\partial w_{ji}^{\mathrm{h}}}\left(\sum_{j=1}^{L} w_{ji}^{\mathrm{h}} x_{pi} \right) = x_{pi}$。由此式（3-45）变为

$$-\frac{\partial E_p}{\partial w_{kj}^{\mathrm{h}}} = 2 \sum_{k=1}^{m} (t_{pk} - O_{pk}^{\mathrm{o}}) f^{\mathrm{o}\prime}(S_{pk}^{\mathrm{o}}) \cdot w_{kj}^{\mathrm{o}} \cdot f^{\mathrm{h}\prime}(S_{pj}^{\mathrm{h}}) \cdot x_{pi} \qquad (3-46)$$

类似地，可得 E_p 对阈值 b_j^{h} 的负梯度为

$$-\frac{\partial E_p}{\partial b_j^{\mathrm{h}}} = 2 \sum_{k=1}^{m} (t_{pk} - O_{pk}^{\mathrm{o}}) f^{\mathrm{o}\prime}(S_{pk}^{\mathrm{o}}) \cdot w_{kj}^{\mathrm{o}} \cdot f^{\mathrm{h}\prime}(S_{pj}^{\mathrm{h}}) \qquad (3-47)$$

由上述分析可知，输出层的已知误差反向传播到中间层以决定中间层数值的适当变化。这就是该类算法中"反向"（Back-Propagation）一词的来源。

（4）更新权值和阈值

根据前面计算得到的负梯度，调节中间层、输出层的权值 w_{ji}^{h}、w_{kj}^{o} 和阈值 b_j^{h}、b_k^{o} 的大小，使总的误差减小。

令 $\delta_{pk}^{\mathrm{o}} = 2(t_{pk} - O_{pk}^{\mathrm{o}}) \cdot f^{\mathrm{o}\prime}(S_{pk}^{\mathrm{o}})$，$\delta_{pj}^{\mathrm{h}} = f^{\mathrm{h}\prime}(S_{pj}^{\mathrm{h}}) \sum\limits_{k=1}^{m} \delta_{pk}^{\mathrm{o}} \cdot w_{kj}^{\mathrm{o}}$，则输出层的权值更新公式为

$$w_{kj}^{\mathrm{o}}(p+1) = w_{kj}^{\mathrm{o}}(p) + \alpha \cdot \delta_{pk}^{\mathrm{o}} \cdot O_{pj}^{\mathrm{h}} \qquad (3-48)$$

式中：α 称为学习速率系数，其值为正且小于 1。

输出层的阈值更新公式为

$$b_k^{\mathrm{o}}(p+1) = b_k^{\mathrm{o}}(p) + \alpha \cdot \delta_{pk}^{\mathrm{o}} \qquad (3-49)$$

中间层的权值更新公式为

$$w_{ji}^{\mathrm{h}}(p+1) = w_{ji}^{\mathrm{h}}(p) + \alpha \cdot \delta_{pj}^{\mathrm{o}} \cdot x_{pi} \qquad (3-50)$$

中间层的阈值更新公式为

$$b_j^{\mathrm{h}}(p+1) = b_j^{\mathrm{h}}(p) + \alpha \cdot \delta_{pj}^{\mathrm{h}} \qquad (3-51)$$

3.5.3　BP 算法改进

1. BP 网络存在的问题

BP 网络物理概念清晰、算法执行相对容易，在人工神经网络中占有重要地位，但其算法也存在着一些缺陷，归纳起来主要有以下几类问题：

① 算法的收敛速度较慢。由于 BP 算法是基于梯度下降法的思想，通过训练误差反向传递来实现权值和阈值调整的，因此收敛速度比较慢。这使得 BP 网络通常只能用于离线问题分析。

② 存在局部极小值。由于权重是基于误差梯度下降的原则进行修改的，网络容易陷入局部极小点，甚至使算法不收敛。

③ 训练样本数的确定问题。为使训练后的网络具有较好的预测能力，必须有足够多的样本，否则网络无法归纳出样本集中的内在特征。但样本过多就会造成样本冗余，既增加网络训练的时间，也可能造成过度训练的现象。

④ 中间层神经元个数的选择缺乏理论上的指导。中间层单元节点数的选择是网络成败的关键，对于给定的训练样本数，存在一个最佳 BP 结构（即具有最少中间层节点数），使网络的训练次数最少且具有最强的泛化预测能力。中间层节点数过少，容错性能差，而增加中间层单元节点数虽可增强网络的分析能力，且收敛性能也会提高，但会导致网络训练复杂化，训练时间延长，且加剧过度训练现象。目前在确定中间层单元数的问题上还没有成熟的理论可依，通常只能根据经验来选取。

2. 改进方法

针对 BP 网络存在的问题，目前国内外提出了很多有效的 BP 改进算法。其中，附加动量法和可变学习速率法是两种常用的启发式方法。

（1）附加动量法

标准 BP 算法在调整权值、阈值时，只按 p 时刻误差的梯度下降方向调整，而没有考虑到 p 时刻以前的梯度方向，从而容易使训练过程发生振荡，收敛缓慢。为解决这一问题，附加动量法在修正权值和阈值时不仅考虑误差在梯度上的作用，而且考虑了误差曲面上变化趋势的影响。该方法通过在权值、阈值调整公式中加一动量项来提高训练速度。

引入动量系数（也称动量因子）$\gamma(0<\gamma<1)$，则 BP 网络权值修正公式（3-48）改为

$$w_{kj}^{o}(p+1) = w_{kj}^{o}(p) + \gamma[w_{kj}^{o}(p) - w_{kj}^{o}(p-1)] - (1-\gamma) \cdot \alpha \cdot \delta_{pk}^{o} \cdot O_{pj}^{h} \quad (3-52)$$

式中：$\gamma[w_{kj}^{o}(p) - w_{kj}^{o}(p-1)]$ 为动量项，反映了第 p 次训练以前积累的调整经验。当误差梯度出现局部极小时，虽然 $\alpha \cdot \delta_{pk} \cdot O_{pj}^{h} \to 0$，但 $\gamma[w_{kj}^{o}(p) - w_{kj}^{o}(p-1)] \neq 0$，可以使其跳出局部极小区域，从而加快迭代收敛速度。

相应地，修正公式（3-49）～式（3-51）改为

$$b_{k}^{o}(p+1) = b_{k}^{o}(p) + \gamma[b_{k}^{o}(p) - b_{k}^{o}(p-1)] - (1-\gamma) \cdot \alpha \cdot \delta_{pk}^{o} \quad (3-53)$$

$$w_{ji}^{h}(p+1) = w_{ji}^{h}(p) + \gamma[w_{ji}^{h}(p) - w_{ji}^{h}(p-1)] - (1-\gamma) \cdot \alpha \cdot \delta_{pj}^{o} \cdot x_i \quad (3-54)$$

$$b_{j}^{h}(p+1) = b_{j}^{h}(p) + \gamma[b_{j}^{h}(p) - b_{j}^{h}(p-1)] - (1-\gamma) \cdot \alpha \cdot \delta_{pj}^{o} \quad (3-55)$$

由修正公式（3-52）～式（3-55）可以看出，附加动量法的实质是将最后一次权值、阈值变化的影响通过一个动量因子来传递。当动量因子的取值为零时，权值和阈值的变化是根据梯度下降法产生的（即标准 BP 算法）；当动量因子的取值为 1 时，新的权值和阈值变化为最近一次变化的值，而依梯度法产生的变化部分则被忽略掉了。

（2）可变学习速率法

可变学习速率法是一种批处理方法，其学习速率根据算法的性能进行改变。基于可变学习速率法的反向传播算法（Variable Learning Rate Back-Propagation，VLBP）根据输出误差来修改训练速度，其学习规则如下：

① 如果均方误差（在整修训练集上）权值在更新后增加了，且超过了某个设定的百分数 ξ（典型值为 1%～5%），则权值更新被取消，学习速率被乘以一个因子 $\rho(0<\rho<1)$，并且动量系数 γ（如果有的话）被设置为 0。

② 如果均方误差在权要值更新后减小，则权值更新被接受，学习速率将被乘以一个因子 $\eta>1$，并且如果 γ 在这之前被设置为 0，则恢复到 0 以前的值。

③ 如果均方误差的增长小于 ξ，则权值更新被接受，但学习速率保持不变，并且如果 γ 过去被设置为 0，则恢复到 0 以前的值。

该算法的伪代码如下：

```
Procedure BP with mo&vl
begin
    init(net);
    train(net);
    while(E>c)
        train(net);                    //网络训练
        if new_E>(1 + ξ) * E
            lr = lr * ρ;   γ = 0;       //减小学习速率
        else
        if new_E<E
            lr = lr * η;                //增大学习速率
        end
        γ = γ0;                         //动量还原
        w = new_w;                      //权值更新
        θ = new_θ;                      //阈值更新
        E = new_E;
    end
    end
end
```

第 4 章 金属材料裂纹损伤的声发射检测

裂纹损伤是金属材料及承载金属构件最常见的失效形式,且裂纹损伤导致的事故往往是灾难性的,因此在各种机械设备和承载构件中,裂纹损伤检测通常是安全检测的主要内容之一。针对裂纹损伤,人们先后开发了多种检测方法,如目视检测法、渗透检测法、射线检测法、涡流检测法、超声检测法等。这些检测方法能够发现金属材料是否存在裂纹以及裂纹的大小与分布等静态信息,对于存在裂纹缺陷的金属材料构件判废具有重要意义。但是,金属材料或构件中的裂纹是否会影响其安全使用,除了与裂纹尺寸、分布状态有关外,更重要的因素是裂纹是否扩展,也就是说裂纹是否是具有"活性"的。因此,相对于裂纹的存在、大小和分布等静态信息而言,裂纹扩展过程的动态信息具有更为重要的价值。在这方面,由于声发射检测技术能够动态地监测裂纹从发生、发展直至失稳扩展的全部信息,因而成为检测金属材料裂纹损伤最有效的手段。

本章将从金属材料试样裂纹损伤声发射检测试验入手,介绍获取金属材料裂纹损伤不同阶段声发射信号的方法,进而分析金属材料裂纹损伤的声发射特性,并运用模式识别手段判断裂纹损伤所处的阶段及其严重程度。

4.1 金属材料裂纹损伤的声发射检测模拟试验

在工程应用中,对于金属材料裂纹损伤的声发射检测一般采取定期检测的方式进行,通过对构件适当加载,激发潜在"活性"裂纹的声发射信号,并以此确定构件的缺陷部位;或者在某些特定时间(如水压试验阶段、焊接结构焊后冷却阶段)监测裂纹生成与扩展信号,从而判断设备是否符合安全要求。对于不允许额外加载的重要设备(如核电站设备),则可以事先在被检测对象的适当部位布设声发射传感器,在线监测裂纹形成与扩展的信息,实时跟踪设备运行状态,及时预报被检测对象的故障隐患。

为便于在实际检测中准确判断声发射信号所代表的裂纹状态,通常需要了解被检测材料裂纹损伤的声发射特性,并获取裂纹损伤不同阶段的典型声发射信号,这可以通过模拟试验的方式来实现。

下面以高强度合金钢 30CrMnSi 为例,介绍金属材料裂纹损伤声发射检测模拟试验的一般方法。

4.1.1 试验方案

金属材料裂纹损伤声发射检测模拟试验通常采用带预制裂纹的三点弯曲试样,试验方案如图 4-1 所示。将带有预制裂纹的试样安装在加载设备(万能材料试验机)上,以 6 号硅油为耦合剂,通过专用夹具将声发射传感器安装在试样侧表面上。试验过程中,加载设备向试样提供载荷,试样裂纹在载荷作用下扩展,产生声发射信号,耦合在试样上的声发射传感器采集到声发射信号后,经声发射仪的 AE 通道和 PCI 通信卡(ASYC)传送到外接计算机。计算机记录试样裂纹在各种不同载荷条件下产生的声发射信号的表征参数和波形,并进行分析和处理。

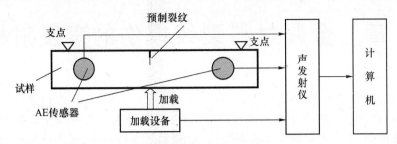

图 4-1　裂纹损伤声发射监测试验方案

4.1.2　试验仪器与设备

目前,从事声发射检测仪器研制开发的企业主要有美国物理声学公司(PAC)、德国 Vallen 公司以及我国北京软岛时代科技有限公司。本书中有关声发射检测的试验均采用以德国 Vallen 公司生产的 AMSY-5 型声发射仪,相关声发射检测方法与过程也是基于该型声发射仪。

AMSY-5 型声发射仪是一款全数字、全波形声发射采集分析仪,具有较强的声发射信号预处理能力,能够同时采集声发射信号表征参数和波形(Transient Recording,TR)数据,可检测频率范围为 5 kHz~3 MHz。利用该仪器可以检测到裂纹扩展、相变、泄漏、摩擦(外部及裂纹表面产生的)、屈服、纤维断裂、脱解、腐蚀、磨损、电容(或粒子)放电、气穴、撞击等产生的声发射信号。

声发射检测传感器选用 Vallen 公司提供的 AE2045S 型声发射宽带传感器,其主要技术参数为:频率范围为 80~2 000 kHz,平均灵敏度大于等于 80 dB。选用 Vallen 公司的专用前置放大器,其增益为 34 dB。

裂纹损伤声发射检测模拟试验所用的加载设备为深圳三思公司生产的 CMT5205 型 200 kN 级万能材料试验机。该试验机可做材料拉伸、压缩、三点弯曲等试验,有载荷和位移两种控制方式。该材料试验机的载荷精度是 10 N。试验过程中,材料试验机提供的载荷信号可以作为外接参数被声发射仪实时采集、显示和存储。

4.1.3　试样材料

试验所用的材料 30CrMnSi 是一种高强度合金钢,其化学成分及含量如表 4-1 所列,其机械性能如表 4-2 所列。该材料具有强度高、韧性好、抗疲劳性能好等特点,适用于制作某些关键部位的高强度零部件。在航天领域,30CrMnSi 常用于制作关键部位的承载零部件;在飞机制造业中,常用于制造飞机重要的锻件、机械加工零件和焊接件,如起落架、螺栓、对接接头、天窗盖、冷气瓶等,也可用于制造涡轮喷气发动机压气机转子的叶片盘和中框匣导向叶片;在民用领域,常用于制作满足振动工作条件下的焊接结构或铆接结构、高压鼓风机叶片、阀板、高速高负荷的轴、齿轮、链轮、离合器、螺栓、螺母、轴套等,还可制作工作温度不高的耐磨零件。

表 4-1　30CrMnSi 的主要化学成分及含量

化学成分	C	Si	Mn	Cr
含　量	0.27 %~0.34 %	0.90 %~1.20 %	0.80 %~1.10 %	0.80 %~1.10 %

表 4 - 2　30CrMnSi 的机械性能

抗拉强度 σ_b/MPa	屈服点 σ_s/MPa	断后伸长率 $\delta_s/\%$	断面收缩率 $\psi/\%$	冲击吸收功 Aku2/J
≥1 080	≥885	≥10	≥45	5

4.1.4　试样制备

用于裂纹损伤声发射检测模拟试验的三点弯曲试样形状如图 4-2 所示。试样尺寸为:长度 $L=120$ mm,宽度 $W=24$ mm,厚度 $B=12$ mm。

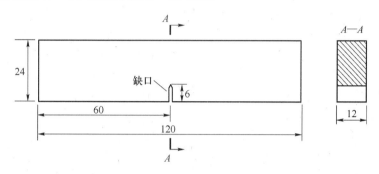

图 4 - 2　三点弯曲试样(单位:mm)

试样制备过程如下:

① 截取坯料。用电火花线切割机从 30CrMnSi 板材(厚度 12 mm)上沿轧制方向切取试样坯料。在截取坯料的过程中,应保证坯料宽度方向的两个平面平行,以方便在后续试验中对试样加载。

② 表面处理。目的是去除试样坯料表面的油污、氧化层和轧制过程中产生的划痕,以便试样表面能够与声发射传感器耦合良好。先用 400♯砂纸对试样表面进行手工打磨,然后在抛光机上以平绒布为抛光布、用氧化铬抛光液进行抛光。

③ 加工缺口。在电火花线切割机上用直径为 0.15 mm 的钼丝从试样宽度方向的一侧切制单边缺口(位于试样长度的中点)。缺口长度 $\varepsilon=6$ mm(见图 4 - 2)。加工缺口的目的是,便于在试样上预制裂纹,并将生成的裂纹限定在一定区域内。

④ 预制裂纹。将试样安装在三点弯曲式高频疲劳试验机上(缺口一侧向下),预制疲劳裂纹(加载跨距 $S=96$ mm)。为了测试 30CrMnSi 在不同损伤程度下的声发射特性,这里制作 6 组试样(仅裂纹长度不同),每组裂纹长度依次取为 2 mm、4 mm、6 mm、8 mm、10 mm、12 mm,每组试样数为 4 个。

4.1.5　参数设置

合理设置声发射仪器参数,是保证采集到的数据具有有效性的前提条件,对数据采集过程中的噪声剔除及采集数据的正确分析均有十分重要的意义。只有合理地设置声发射仪器参数,才能使采集到的数据真实地反映声发射信号的原貌。

裂纹损伤声发射检测试验中,需要设置的参数主要包括:采样频率、每组采样数、信号阈值、脉冲频率、RMS 时间常数、信号重整时间等。根据大量声发射检测的实践经验和裂纹损伤声发射监测实验的实际情况,各主要参数设置如下:

① 采样频率(Sample Frequency):也称为采样速度或采样率,是指每秒钟从连续信号中提取并组成离散信号的采样值的个数。其倒数为采样周期。采样频率越高,单位时间内得到的样本数据就越多,对信号波形的描述也越精确。根据金属材料裂纹损伤过程声发射检测的实际情况,采样频率设置为 5 MHz(采样周期 $T=0.2~\mu s$)。

② 每组采样数(Samples per Set):该参数指定每次触发应存储的采样数目(即数据点数)。每组采样数越大,所采集的数据量就越大,信号越完整,但所需的存储空间也越大。在裂纹损伤检测试验中,通常设置每组采样数为 2 048 即可。

③ 信号阈值(Threshold):该参数主要用于滤去幅值较低的环境噪声,检测时只有峰值超过阈值的数据才会被仪器记录。若阈值设置过低,则将会有大量噪声信号进入 AE 通道,大大增加后续分析的难度和工作量;反之,阈值设置过大则往往会丢失许多有用的信号。因此,通常根据环境噪声水平和被检测对象发射信号的强度(幅值)来设置信号阈值,以便既能适当滤除环境噪声,又能尽量完整地记录被检测对象的声发射信号。在没有大功率电器和机械设备的实验室环境中,裂纹损伤检测的信号阈值设定在 25～30 dB 之间,常用值为 28.8 dB。

④ 脉冲频率(Pulse Rate):该参数主要用于仪器标定时产生符合要求的脉冲信号(模拟声发射源),其值应与实际检测的声发射信号频率接近,以便标定结果(如声速、传感器耦合效果等)可用于检测试验。根据裂纹损伤检测的实际情况,在仪器的"脉冲发生器设置(Pulser Set-up)"软件模块中,脉冲频率设为 Normal(90～210 kHz)、脉冲串时间间隔设为 100 ms、每脉冲串脉冲数设为 1、脉冲幅度的峰-峰值设为 100 V。

⑤ 预触发数(PreTrig.):指在撞击被触发前应存储多少个采样。为便于对波形进行分析,通常应取较大值(典型值为 350)。

⑥ 持续鉴别时间(Duration Discrimination Time,Dur. DisT.):该参数定义撞击结束的时刻。其作用是消除声发射信号中振荡余波及构件界面反射回波对检测结果的影响,以保证撞击事件具有一定的物理含义。如果在持续鉴别时间内未检测到阈值交叉点(信号由较低值增大至超过阈值),则确定撞击结束;反之则将后一组采样标记为当前撞击的一部分。AMSY - 5 型声发射仪的持续鉴别时间取值范围为 50 μs～6.5 ms,用户可根据实际检测情况(如声发射信号的可能类型、声发射机制的持续时间等)进行设定。在裂纹损伤检测试验中,取系统默认值(400 μs)即可。

⑦ 重整时间(Rearm Time,RearmT.):定义开始采集新的撞击数据组的时刻,亦即两个声发射事件之间的最短间隔时间。如果在重整时间内没有检测到阈值的交叉点,则下一阈值交叉点将触发一个新的撞击数据组。在当前撞击采集期间,如果信号长度超过了持续鉴别时间,但未超过重整时间,则随后接收到的数据将追加到当前信号中,并以 Cascaded Hits(级联撞击)、Cascaded Counts(级联计数)和 Cascaded Energy(级联能量)标识。在裂纹损伤检测试验中,重整时间取系统默认值(3.2 ms)。

⑧ 前端滤波(Fronted Filter):该参数与阈值设置的作用相似,主要用于滤去频率较低的噪声信号,只有通过滤波条件的数据才会被记录。在裂纹损伤检测试验中,前端滤波取系统默认值(95 kHz,高通)即可。

⑨ RMS 时间常数(RMS Time Constant):定义累计 RMS 值的间隔。设置为 1 000 ms。

4.1.6　消噪措施

裂纹损伤声发射检测试验过程中,噪声主要来自环境噪声、加载设备和试样本身,包括:周围机电设备产生的振动和电磁噪声、加载设备受力构件内部残余应力释放产生的应力波、加载设备和试样受力变形产生的应力波。

为尽量降低噪声信号对试验结果的影响,可采取如下消噪措施:

① 在加载支点与试样的接触部位用聚乙烯带隔离,以消除接触部位的摩擦噪声。

② 试样受力点利用 Kaiser 效应进行预加载降噪。为了消除加载过程中试样三个受力点塑性变形引起的噪声,预先施加静载使该区域承受一定程度的过载。

③ 在试样有效工作段(加载跨距对应部分)对称地布置两个传感器,以便利用时差定位方法,通过计算信号到达两个传感器的时间差确定有效测试区域(裂纹损伤位于试样中部,由其产生的声发射信号到达两个传感器的时间差应基本为零),排除来自非测试区域(主要是各加载施力点)的干扰信号。

④ 为了使传感器能较好地接收到声发射应力波,降低接触面引起的信号衰减,试验前对试样表面适当进行抛光处理,并用 6 号硅油作耦合剂,然后用胶带将传感器固定在试样侧表面。

采取以上措施,能在很大程度上抑制噪声信号对试验结果的影响,但仪器记录的信号中仍不可避免地含有一定的噪声成分,可以在后续的结果分析中用有关的信号处理方法剔除。

4.1.7　试验过程

进行裂纹损伤声发射检测试验前,先进行仪器标定。其目的有两个方面:一是检验仪器参数设置是否合理;二是检查传感器安装(主要是耦合情况)是否可靠。工程应用中,对声发射仪器的标定有两种方式:一是用仪器自身产生的脉冲信号进行标定;二是用断铅信号进行标定。通常先用前一种方式检查仪器参数设置是否合理,再用后一种方式确认能否检测到某些特定的区域(尤其对大型构件,如油罐)。以仪器自身产生的标准脉冲信号激励作为模拟源进行标定时,若传感器检测到的信号幅值都在 95 dB 以上,则证明传感器耦合效果良好,仪器参数设置合理。

完成仪器标定后,在不加载的情况下,进行 15 min 连续监测,以记录实验室的背景噪声,为后续试验数据处理提供噪声数据情况(同时也可验证信号阈值的设置是否合理)。

用万能材料试验机对带有预制裂纹的试样进行三点弯曲试验,加载跨距取为 $S = 96$ mm。载荷信号以外接参数方式送入声发射仪,以便分析载荷与损伤之间的实时关系。试验过程中,试样预制裂纹在万能材料试验机载荷作用下扩展,直至断裂。在这一过程中,用声发射仪记录各损伤阶段声发射信号的表征参数及其波形。

为了研究 30CrMnSi 试样在裂纹扩展直至断裂的整个过程中声发射信号的特性,并缩短试验周期,裂纹损伤声发射检测模拟试验采用匀速加载的试验方案(这里设定为 1.2 mm/min)。

试验过程中,随着材料试验机所加载荷逐渐增大,试样以加载支点为折点发生折弯变形,引起试样在原有预制裂纹处萌生新裂纹,并随着加载过程的进行而扩展,直至试样断裂。

图 4 - 3 所示为试验过程中的典型加载程序图(试样预制裂纹长度为 8 mm)。

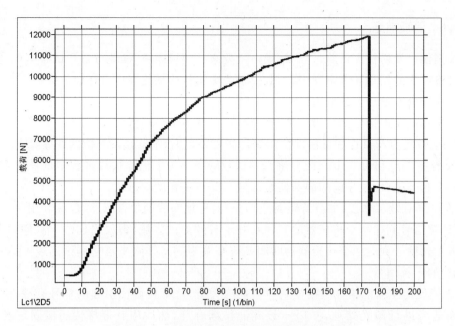

图 4 - 3　匀速加载条件下典型的载荷-时间曲线

4.1.8　试验结果

图 4 - 4～图 4 - 6 所示为金属材料 30CrMnSi 合金钢裂纹损伤声发射检测试验的部分结果。其中,图 4 - 4 所示为裂纹损伤检测试验过程中典型的声发射信号时域波形及其频谱;图4 - 5 所示为匀速加载条件下声发射撞击数与幅值的关系曲线;图 4 - 6 所示为匀速加载条件下声发射信号幅值的变化情况。

由上述图表可以看出,随着时间、载荷变化,声发射信号撞击数、振铃计数以及幅值等表征参数均发生明显的变化,说明声发射信号能反映试样裂纹损伤的发展过程。

图 4 - 7 所示为其中一个试样裂纹损伤定位结果图,图中的纵坐标表示损伤事件数量,横坐标表示损伤事件位置,图中原点(0 mm)和 120 mm 为试样的两个端点,1 和 3 分别表示用于定位分析的两个传感器的安装位置。从图 4 - 7 可以看出,损伤定位主要出现在试样的正中间——以 60 mm 处为中心的一个区间内,其中 60 mm 处的损伤定位事件最多,说明损伤定位精度较高,试验数据有效。

4.2　金属材料裂纹损伤的声发射特性

金属材料(或构件)受到载荷作用发生损伤时,将发生变形→生成微观裂纹→裂纹扩展,直至最后失稳断裂。这是一个相当复杂的动态过程,其结果反映为金属材料相关机械性能的劣化,并伴随着应变能的释放,其中一部分应变能以应力波的形式释放出来,于是产生了声发射。所以,在位错运动、滑移、微观开裂和裂纹扩展等一系列事件组成的损伤演变过程中都有声发射现象发生,而且由于不同阶段所释放的应变能不同,也就导致了不同的声发射信号特征。在对金属材料(或构件)进行声发射检测时,通过分析损伤过程产生的声发射信号的特征,可以了解金属材料(或构件)损伤的发生、发展过程,并对损伤程度做出判断。

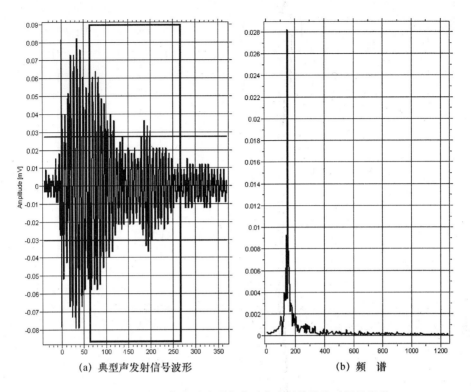

(a) 典型声发射信号波形　　　　　　　　　　(b) 频　谱

图 4 - 4　裂纹损伤监测试验中典型声发射信号波形及其频谱

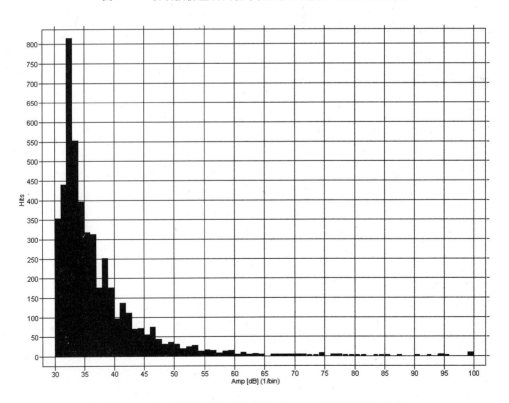

图 4 - 5　匀速加载条件下声发射撞击数与幅值的关系曲线

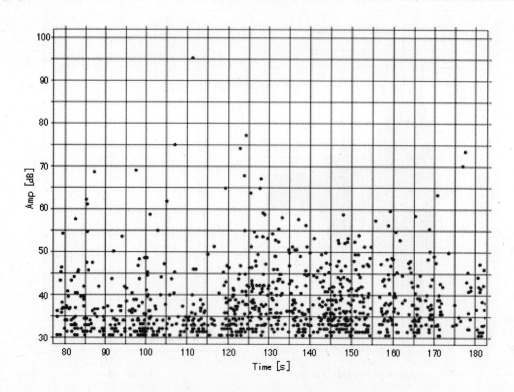

图 4 - 6　匀速加载条件下声发射信号幅值的变化情况(部分)

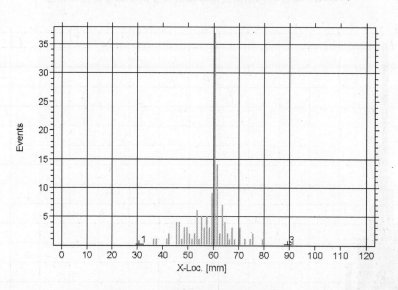

图 4 - 7　裂纹损伤声发射定位结果

　　基于上述设想,下面以 30CrMnSi 裂纹损伤声发射检测试验中记录的声发射信号为基础,从声发射信号的撞击数/振铃计数、表征参数分布以及频率特性等方面对该材料裂纹损伤的声发射特性进行分析。

4.2.1　裂纹损伤过程的信号撞击数/振铃计数变化规律

在描述声发射信号特征的各个表征参数中,信号撞击数(Hits)和振铃计数(CNTS)能够较好地反映材料及构件的性能变化。在声发射检测中,每个超过门槛电压的声发射信号对应一个声撞击,而撞击数则是声发射仪记录的声发射信号的数量,它反映了声发射活动的总量和频度。振铃计数是每个声发射信号持续时间内信号脉冲越过门槛电压的次数。振铃计数与材料中产生声发射的事件(如位错运动、夹杂物或第二相粒子剥离和断裂、裂纹形成与扩展等)的能量有关。在工程应用中,常用累计振铃计数和振铃计数率(分别是一段时间内和单位时间内信号脉冲越过门槛电压的次数)来代替振铃计数,并将它们统称为振铃计数。

撞击数与振铃计数之间有着密切的内在联系,它们分别从不同的角度反映了材料(或构件)损伤过程中声发射的活动程度。因此,可以将撞击数与振铃计数综合起来进行分析,以探讨它们在金属材料裂纹损伤过程中的变化规律。

图 4-8 所示为带预制裂纹的 30CrMnSi 试样在三点弯曲匀速加载条件下典型的撞击数-时间曲线和振铃计数-时间曲线,加载速率为 1.2 mm/min。图中曲线(Ⅰ)为试样的累计振铃计数-时间曲线(左纵轴刻度),曲线(Ⅱ)为撞击数-时间曲线(右纵轴刻度)。由图可以看出,在试验过程中,随着加载时间的增长(试样变形量增大、损伤加剧),撞击数和累计振铃计数均明显增大。这表明,撞击数和累计振铃计数与构件裂纹损伤之间存在着内在联系。

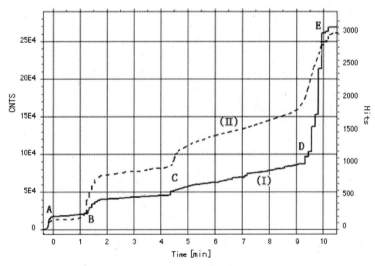

(I)为振铃计数-时间曲线; (II)为撞击数-时间曲线

图 4-8　匀速加载条件下撞击数和振铃计数-时间曲线

撞击数-时间曲线和累计振铃计数-时间曲线的斜率分别在 B 点、C 点及 D 点三处发生突变(每点实际上对应曲线上的一小段)。这种斜率的突变直接反映了试样裂纹在形成、稳定扩展、失稳扩展直至最终断裂的不同阶段。具体分析如下:

AB 段:仪器校准段。对传感器进行标定,仪器产生校准脉冲,此阶段并非试样损伤过程(未加载)。

BC 段:试样初始弹塑性变形阶段及微裂纹形成、合并阶段。在 B 点处,试样开始受力,曲线斜率出现第一次突变,预制裂纹尖端由于应力集中而产生晶粒的塑性变形、非金属夹杂物与基体的剥离及断裂、循环硬化,出现少量声发射信号。这些声发射信号具有较高的幅值,且每一次撞击都具有很多个振铃计数,因此图中累计振铃计数-时间曲线(Ⅰ)的斜率比撞击数-时间曲线(Ⅱ)大。随着载荷增加,导致裂尖塑性区增大,滑移带变宽加深。在应力集中部位,开始产生细观初始损伤,如晶粒与基体的分离、界面摩擦、基体开裂或晶粒断裂等,并开始萌生微裂纹。这些细观初始损伤和微裂纹萌生释放的应变能较少且稳定,因此,此阶段记录的声发射信号撞击数和累计振铃计数均较少,BC 段斜率总体较小。

CD 段:宏观裂纹形成及稳定扩展阶段。随着塑性变形区不断扩大,能量逐渐积聚,细观损伤不断演化、汇合、贯通,最终形成宏观裂纹启裂,释放出较多能量,所以两条曲线在 C 点处都明显变陡。随后,进入宏观亚临界裂纹稳定扩展阶段,产生相当多的能量较高的声发射信号,此段曲线近似于一段倾斜的直线。与 BC 段相比,CD 段声发射活跃程度显著增强,曲线斜率变大。

DE 段:裂纹失稳扩展阶段。随着变形量的继续增大,裂纹不断扩展。当裂纹扩展到某一临界长度(该临界长度与预制裂纹长度有关)时,就会失稳扩展,构件断裂。在此阶段,试样裂纹积聚的大量应变能需要瞬时释放,声发射信号产生频度高且能量大,每个信号之间的间隔时间非常小,数十个甚至上百个信号彼此叠加在一起,被记录成包含数量很大(上千个)的振铃计数的声发射撞击。D 点处,试样开始失稳断裂,声发射振铃计数和撞击数都明显增加。由于此时的声发射撞击包含非常多的振铃计数,故曲线(Ⅰ)突变更快。

由于试样为韧性断裂,在失稳断裂后仍残留一段塑性区使试样并未分离成两块,亚临界裂纹继续扩展,但构件此时已失效,无研究意义(DE 段以后)。另外,在 CD 段和 DE 段,除了裂纹产生、扩展和失稳断裂产生声发射信号外,裂纹尖端塑性变形作为信号源仍产生信号。

4.2.2　金属材料裂纹损伤的演化过程

在一系列匀速加载试验中,试样声发射累计振铃计数随时间的变化曲线均为类似图 4-8 所示的形式。为便于分析,对图 4-8 中累计振铃计数随时间变化的关系曲线进行平滑处理,可以得到 30CrMnSi 裂纹损伤过程中声发射振铃计数-时间的理想化曲线,如图 4-9 所示。

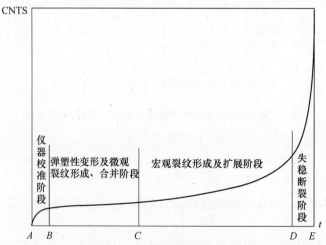

图 4-9　裂纹损伤过程中声发射振铃计数-时间的理想化曲线

由图 4-9 可以看出,除去仪器校准段(AB 段),累计振铃计数-时间曲线在时间轴上可分为三段,分别对应 30CrMnSi 试样裂纹损伤的不同演化阶段。下面结合 30CrMnSi 试样裂纹损伤试验的具体情况进行分析。

第一阶段(BC 段),对应初始加载阶段,在此阶段内金属中出现滑移线或滑移带,试样发生弹塑性变形,同时产生加工硬化的作用,微观裂纹开始形成、合并。根据位错塞积理论,金属塑性变形过程中,位错在向前运动到滑移带的前端时遇到障碍(如晶界、杂质和硬质点等),使位错塞积而造成应力集中。当应力增加到一定值时就产生裂纹,并以弹性波的形式向外释放能量,产生声发射。这一阶段的振铃计数-时间曲线比较平缓,说明声发射尚不活跃。需要指出的是,曲线中的 BC 段实际上反映了试样裂纹损伤中的塑性变形和微裂纹形成两个阶段,只不过这两个阶段的声发射振铃计数特性较为接近,难以从曲线的形状上区分。

第二阶段(CD 段),金属不再继续产生硬化,而主要是原有滑移线的滑移量加大,并在原有滑移线附近产生的新滑移线,使滑移带变宽加深,形成驻留滑移带。当滑移带增大到一定程度,微裂纹合并形成宏观裂纹。这一阶段,声发射源活动比较频繁,曲线斜率逐渐增大,这表明随着加载过程的进行,试样裂纹损伤逐渐加剧。

第三阶段(DE 段),为裂纹失稳扩展、试样断裂阶段。当裂纹扩展到临界长度时,开始失稳扩展,试样随即断裂。曲线上的 D 点是裂纹由稳定扩展向失稳扩展过渡的转变点。

通过上述 30CrMnSi 合金钢试样裂纹损伤的演化过程分析,得出如下结论:在对构件损伤进行检测时,可以根据声发射累计振铃计数的变化情况对构件失效进行预报。

4.2.3　声发射振铃计数与载荷的关系

对带有预制裂纹的试样进行三点弯曲试验时,在试样发生宏观塑性变形之前就能观察到明显的声发射现象(事实上,试样直到失稳断裂也未发生明显的宏观塑性变形)。这与许多类似试验中发生的情况完全一致。其原因是:在试样发生宏观塑性变形之前,裂纹尖端局部区域由于应力集中已达到或超过了材料的屈服极限,从而导致裂纹尖端局部区域发生塑性变形或裂纹扩展,并产生声发射。由此可见,当带有裂纹的构件(或材料)承受的应力低于其名义强度极限时,构件(或材料)的声发射取决于裂纹尖端的载荷情况。

对于带裂纹的构件(或材料),反映裂纹尖端的应力集中情况的参数是应力强度因子(对于本章试验制备的断裂损伤试样,裂纹形式为 Ⅰ 型,即张开型,相应的应力强度因子为 K_{I})。从这一角度来说,带裂纹构件(或材料)的声发射与裂纹尖端的应力强度因子 K_{I} 有着密切的联系。正是基于这种联系,声发射技术可用于带裂纹的构件断裂韧性的测试。

4.2.4　声发射技术在金属材料断裂韧性测试中的应用

平面应变断裂韧性 K_{IC} 是指在线弹性介质中,具有 Ⅰ 型裂纹的构件抵抗裂纹扩展的能力。平面应变断裂韧性 K_{IC} 是材料固有的力学性能指标,是材料抵抗裂纹扩展能力的标志。K_{IC} 值越大,表明抵抗裂纹扩展的能力越强。对于线弹性介质,当构件中裂纹前端附近区域应力强度因子 K_{I} 达到其断裂韧性 K_{IC} 时,裂纹开始临界扩展。

材料平面应变断裂韧性值 K_{IC} 一般可以通过三点弯曲试验测量获得。国标 GB 4161—84 中规定三点弯曲试验测量 K_{IC} 的办法是:以载荷-缺口张开位移曲线($P-V$ 曲线)中线性段斜率的 95％为斜率做过原点的直线,然后取该直线与 P-V 曲线的交点对应的载荷作为裂纹起裂时的临界载荷 P_q,并根据下式求得 K_{IC}:

$$K_{IC} = \frac{P_q S}{BW^{3/2}} f\left(\frac{a}{W}\right) \tag{4-1}$$

式中: $f\left(\dfrac{a}{W}\right)$ 为形状因子,即

$$f\left(\frac{a}{W}\right) = \frac{3\left(\dfrac{a}{W}\right)^{\frac{1}{2}}\left[1.99 - \left(\dfrac{a}{W}\right)\left(1 - \dfrac{a}{W}\right)\left(2.15 - 3.93\dfrac{a}{W} + 2.7\dfrac{a^2}{W^2}\right)\right]}{2\left(1 + 2\dfrac{a}{W}\right)\left(1 - \dfrac{a}{W}\right)^{\frac{3}{2}}} \tag{4-2}$$

式中: K_{IC}——断裂韧性,MPa・m$^{1/2}$;

　　　 P_q——临界载荷,N;

　　　 a——裂纹长度(针对本章试验,应是线切割缺口长度与预制裂纹长度之和),m;

　　　 B——试样厚度,m;

　　　 W——试样高度,m;

　　　 S——试样跨度,m。

试样外形尺寸比例为 $B:W:S = 1:2:4$。

从上述方法可知,断裂韧性 K_{IC} 测量的关键在于临界载荷 P_q 的确定。但上述方法确定临界载荷具有一定的局限性。一方面,它是在对金属材料进行大量试验后总结出的一种经验方法,缺乏明确的物理意义,并且该方法的测量过程对测试人员的经验依赖性较强;另一方面,该方法只适合于线弹性介质,而对于非线弹性介质不适用。

事实上,测量断裂韧性 K_{IC} 的关键在于准确判断裂纹开始扩展的时刻(即起裂点),该时刻对应的载荷即为临界载荷。由前面的分析可知,裂纹扩展释放的能量比裂纹形成释放的能量高 100～1 000 倍,因而裂纹扩展的声发射强度要比裂纹形成的声发射强度大得多。当载荷达到裂纹扩展的临界载荷时,裂纹开始扩展,同时产生高能量的声发射信号。因此,通过记录裂纹扩展时声发射信号能量-时间曲线,并找出此曲线斜率的突变点,则此突变点所对应的载荷就是试样起裂时的临界载荷。

图 4-10 中:曲线 Ⅰ 是试验过程中典型的声发射信号累计能量-时间曲线图(试样预制裂纹长度为 8 mm),对应于左边刻度;曲线 Ⅱ 为载荷-时间曲线,对应于右边刻度。图 4-11 中的曲线为载荷-时间曲线,对应于右边刻度;图中的点表示声发射撞击,对应于左边刻度,反映了试样断裂过程中声发射信号的幅值随时间的变化。从图 4-10 中所示的曲线 Ⅰ 可以看出,在 AB 段声发射信号的累计能量稳定增加,其对应的载荷在 4 200 N 以下。依据试样预制裂纹中的记录,该试样预制裂纹最后阶段的载荷为 5 200 N。根据 Kaiser 效应,在试样受载达到 5 200 N 之前,试样中间的裂纹不会产生声发射信号,因此 AB 段的信号并不是裂纹损伤时产生的声发射信号,为噪声信号。BC 段累计能量缓慢增加,曲线斜率较小,说明此阶段主要为一些细小的损伤,没有发生裂纹扩展,主要是预制裂纹尖端区域的塑性变形和微裂纹的形成。CD 段累计能量呈跳跃式增长,且增长速度较 AB 段明显提高,说明此阶段为裂纹扩展阶段。其中,尤其在 C 点产生较大的跳跃,曲线斜率发生突变,说明此时裂纹开始扩展,因此确定该点为试样中裂纹的起裂点,从曲线 Ⅱ 中可知此时的载荷为 8 255 N。对应图 4-11 的幅值随时间的变化关系,可以看出此时试样产生了一个幅值为 58.4 dB 的声发射信号(图中用三角形框

起来的信号点）。曲线Ⅰ中 DE 段累计能量的增长速度再次增加，说明裂纹扩展速度加快，对应为裂纹失稳扩展阶段。

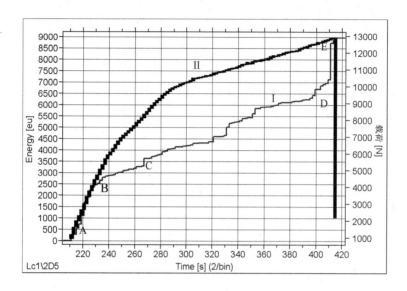

图 4 - 10　裂纹损伤过程中载荷与累计能量随时间变化曲线

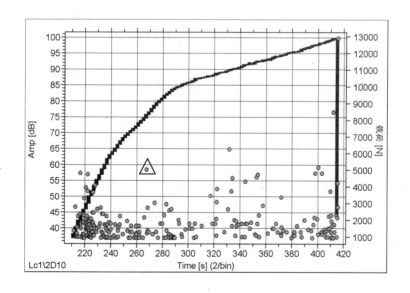

图 4 - 11　裂纹损伤过程中载荷与幅值随时间变化曲线

依据以上分析，该试样开始扩展时的载荷 P_q 为 8 255 N，即为试样中裂纹扩展的临界载荷。断裂后通过测量得出试样的裂纹长度 a（含线切割缺口长度 6 mm）为 13.73 mm，由 4.1.4 小节可知试样的尺寸为：$B = 12$ mm，$W = 24$ mm，$S = 96$ mm。将上述数值代入式（4 - 1）和式（4 - 2），计算得出 30CrMnSi 平面应变断裂韧性 K_{IC} 值为 60.36 MPa·m$^{1/2}$。

采用上述方法分别对 4 个试样进行了断裂韧性测试，其结果如表 4 - 3 所列。

表 4-3　30CrMnSi 平面应变断裂韧性 K_{IC} 测试结果

试样序号	裂纹长度* a/mm	临界载荷 P_q/N	断裂韧性 K_{IC}/(MPa·m$^{1/2}$)
13	13.73	8 255	60.36
14	13.88	8 106	60.64
15	14.12	7 586	58.89
16	13.92	7 531	56.68

* 裂纹长度是线切割缺口长度与预制裂纹长度之和。

从表 4-3 中所列的 4 个试样的平面应变断裂韧性 K_{IC} 测试结果可以看出，测试的可重复性较好，具有较高的可信度。对 4 个试样的 K_{IC} 值取平均值，得到 30CrMnSi 平面应变断裂韧性 K_{IC} 值为 59.14 MPa·m$^{1/2}$。

据相关资料介绍，依据金属材料平面应变断裂韧性测试的国家标准 GB 4161—84，30CrMnSi 平面应变断裂韧性 K_{IC} 的测试结果为 79.21 MPa·m$^{1/2}$。另外，相关文献指出，对于各种钢和合金，声发射方法测出的 K_{IC} 值比依据国家标准 GB 4161—84 测试得到的结果低 19%～35%，这是因为声发射探测裂纹扩展的灵敏度较高，能检测到裂纹稳定扩展的起始点。本节测得的结果与相关文献介绍的情况相符。

4.3　基于声发射表征参数的金属材料裂纹损伤模式识别

在声发射检测过程中，操作人员的知识和经验在判断缺陷类型及其严重程度方面发挥着重要作用，可以对检测仪器的某些性能起到有益的补充作用。但是，由此带来的人为因素可能影响到检测结果的客观性和准确性。针对这一问题，本节探讨用模式识别技术对 30CrMnSi 高强度合金钢试样裂纹损伤进行声发射自动检测。

4.3.1　裂纹损伤模式识别系统设计

1. 特征参数的确定

采用表征参数分析方法对 30CrMnSi 裂纹产生、扩展过程进行声发射监测时，每一个声发射事件都可以用一组表征参数的数值（如信号幅值、持续时间等）来表示。换言之，每一个声发射事件都可以表示为由声发射信号表征参数形成的多维空间中的一点。对于由大量声发射事件组成的裂纹产生、扩展过程，其声发射事件的分布一般按统计规律进行描述，因此，以统计规律为基础的识别方法是 30CrMnSi 裂纹损伤识别的有效方法。

如 3.4 节所述，一个完整的识别过程包括信息获取、数据预处理、特征提取与选择、分类器设计与决策判别等环节。但根据具体情况的不同，这些环节在解决实际问题过程中所发挥的作用各不相同。一般来说，当需要识别的对象之间产生差异的机理并不为人们所知，而现有的检测技术又不能提供准确信息时，特征提取与选择以及分类器设计这两个环节对识别的实现来说显得尤为重要。在采用参数分析方法进行 30CrMnSi 高强度合金钢试样裂纹损伤声发射检测时，正是这样一种情况——30CrMnSi 裂纹损伤的发声机制还不十分清楚，且声发射信号的表征参数难以全面反映裂纹损伤的全部信息。因此，对 30CrMnSi 裂纹损伤进行模式识别应该基于所测得的大量数据，提取与选择能反映裂纹不同扩展阶段之间差别的特征，并依据其具体的分布规律设计分类器以实现 30CrMnSi 高强度合金钢试样裂纹损伤模式的自动判别。

根据大量的相关研究成果以及本试验的有关情况,这里选取声发射撞击的幅值、能量、峰前计数、上升时间、持续时间、振铃计数、平均频率共 7 个表征参数作为 30CrMnSi 裂纹损伤模式识别的特征参数。

2. 信息获取

在模式识别中,每一个被分析的对象称为一个样品。对于 30CrMnSi 裂纹损伤模式识别研究而言,每个声发射撞击信号就是一个样品。对每个样品的表征参数描述,如声发射撞击的幅值、能量、上升时间、持续时间、振铃计数等,构成了最原始的测量数据。当然,通过参数组合,如幅值/上升时间、振铃计数/持续时间等,还可以得到更多的参数。如果仅采用声发射撞击的幅值、能量、峰前计数、上升时间、持续时间、振铃计数、平均频率这 7 个参数,那么每个样品(声发射撞击)就可以表示成 7 维空间中的一个点,记作

$$\boldsymbol{X} = \begin{bmatrix} x_1 \\ x_2 \\ \vdots \\ x_7 \end{bmatrix} = \begin{bmatrix} x_1 & x_2 & \cdots & x_7 \end{bmatrix}^{\mathrm{T}} \qquad (4-3)$$

如果试验过程共取得 N 个样品,则可以用如下形式表示:

$$\boldsymbol{X}_n = \begin{bmatrix} x_{1n} & x_{2n} & \cdots & x_{7n} \end{bmatrix}^{\mathrm{T}}, \qquad n = 1, 2, \cdots, N \qquad (4-4)$$

如果一批样品分别来自于 c 个不同的类(模式),且第 i 类有 N_i 个样品,则记为

$$\boldsymbol{X}_n^i = \begin{bmatrix} x_{1n}^i & x_{2n}^i & \cdots & x_{7n}^i \end{bmatrix}^{\mathrm{T}}, \qquad i = 1, 2, \cdots, c; \ n = 1, 2, \cdots, N_i \qquad (4-5)$$

对于带预制裂纹的 30CrMnSi 试样,在裂纹扩展的不同阶段,其声发射表现出不同的特点。在裂纹萌生和早期扩展阶段,由于裂纹扩展缓慢,产生的声发射撞击数相对较少,信号幅值较低,每一次声发射撞击释放的能量也低,持续时间短;随着裂纹扩展速度的加快,声发射活动程度相应增强,产生的撞击数大为增多,且信号幅值升高,持续时间变长;当裂纹接近破坏阶段时,裂纹扩展速度进一步加快,声发射活动程度也加大,而且每个声撞击的信号幅值很高,持续时间很长。在相关研究中,金属材料裂纹损伤声发射信号也表现出类似的特点。

对带预制裂纹的 30CrMnSi 试样进行加载试验时,试样受力断裂过程明显可分为 4 个阶段:塑性变形、裂纹形成、稳定扩展和失稳断裂,每个阶段都有强烈的声发射现象。这 4 个阶段实际上反映了试样裂纹损伤的不同程度,因此,可以将它们看成试样裂纹损伤发展过程表现出来的 4 种模式。对于试验过程中采集到的试样断裂损伤某个阶段的声发射信号(待识别样品),可以用特定的模式识别方法来判断该声发射信号对应的裂纹所处的阶段(即模式)。

3. 数据预处理

通常情况下,对于试验或工程检测中获得的原始数据,在进行模式识别之前,应进行数据预处理。其内容包括两个方面:一是典型数据的选取,二是数据的标准化处理。

为了简化分析,这里仅讨论匀速加载条件下 30CrMnSi 裂纹损伤声发射信号的模式识别。由于裂纹损伤声发射检测试验获得的数据是试样实际损伤情况的反映,因此不考虑坏值剔除问题,全部用作典型数据。

数据标准化处理的目的是为了消除不同参数之间量纲差异的影响,以便进行特征比较与选择。常用的数据标准化方法有极差标准化、标准差标准化以及 Z-分值法等。本节采用极

差标准化方法对数据进行预处理。

4. 特征提取与选择

对每个样品必须确定一些与分类识别有关的因素,并将它们作为识别的依据,这样的因素称为特征。特征选择是模式识别中的一个关键问题,它直接影响到分类器的设计与分类效果。特征选择可依据不同的规则进行,方法较多,但选择质量的好坏最终应根据识别结果加以判断。

通常,在信息获取阶段应该尽量多地列举出各种可能与分类有关的因素,以充分利用各种有用的信息,这时的特征称为原始特征。但是,原始特征并不能完全用于分类识别。其原因有以下三个方面:一是特征过多会给计算带来困难;二是特征中可能包含许多彼此相关的因素,造成信息的重复;三是特征数与样品数有关,特征数过多会使分类效果恶化。因此,有必要从数量较多的原始特征中,提取出少量的、对分类识别更有效的特征,这就是所谓的特征提取与选择。

特征提取与选择通常有两种方法:一是对单个特征的选择,即对每个特征分别进行评价,从中找出那些对识别作用最大的特征;二是从数量较多的原有特征出发,去构造适量的新特征。这两种方法可单独使用,也可同时采用。

下面先对声发射信号的单个表征参数进行选择,然后对选择的表征参数进行组合,并评价其分类性能,选取分类性能最优的特征组合作为模式识别的特征参量。

(1) 单个特征参量选择

根据 AMSY-5 型声发射仪的功能特点,在信息获取阶段采用声发射信号的幅值、能量、峰前计数、上升时间、持续时间、振铃计数、平均频率共 7 个表征参数组成原始特征空间。但是这 7 个表征参数对模式识别不一定都有效果,需要进行选择。这里采用类内类间距离作为可分性判据,对单个特征参量进行选择。

将 30CrMnSi 试样裂纹试样受力断裂损伤过程的 4 个阶段(塑性变形、裂纹形成、稳定扩展和失稳扩展)定义为 4 种模式,将第 i 类模式的第 n 个样品的 j 特征参量值记为 x_{jn}^i,则第 i 类模式样本的 j 特征参量的均值为

$$\widetilde{m}_j^i = \frac{1}{N_i}\sum_{k=1}^{N_i} x_{jn}^i \qquad (4-6)$$

式中:$i=1,2,3,4$,依次代表塑性变形、裂纹形成、稳定扩展和失稳扩展 4 种模式;$j=1,2,\cdots,7$,分别代表声发射信号的幅值、能量、峰前计数、上升时间、持续时间、振铃计数、平均频率 7 个表征参数;N_i 为第 i 类模式样品数。

综上,对所有样本,j 特征参量的总平均值为

$$\widetilde{m}_j = \sum_{i=1}^{4} \frac{N_i}{N_1+N_2+N_3+N_4}\widetilde{m}_j^i \qquad (4-7)$$

类间方差 s_{jb} 和类内方差 s_{jw} 分别为

$$s_{jb} = \sum_{i=1}^{4} \frac{N_i}{N_1+N_2+N_3+N_4}(\widetilde{m}_j^i - \widetilde{m}_j)^2 \qquad (4-8)$$

$$s_{jw} = \frac{1}{N_1+N_2+N_3+N_4}\sum_{i=1}^{4}\sum_{n=1}^{N_i}(x_{jn}^i - \widetilde{m}_j^i)^2 \qquad (4-9)$$

可分性判据采用下式计算:

$$J_j = \frac{s_{jb}}{s_{jw}} \qquad (4-10)$$

可分性判据 J_j 值越大,则类间离散度越大,而类内离散度越小,说明此特征越适合于分类,否则相反。

从匀速加载条件下带预制裂纹的 30CrMnSi 合金钢试样裂纹损伤声发射检测的试验数据中,每个试样在不同损伤阶段各选取 10 个典型声发射信号,组成设计样本,设计样本的容量为 $6 \times 4 \times 4 \times 10 = 960$(6 种不同长度的预制裂纹,每种长度裂纹试样数为 4 个,裂纹损伤全过程包含 4 个阶段)。将设计样本的有关数据代入式(4-6)～式(4-10),计算声发射信号的幅值、能量、峰前计数、上升时间、持续时间、振铃计数、平均频率 7 个表征参量的 J_j 值,结果如表 4-4 所列。

表 4-4　由设计样本的表征参数得出的 J_j 值

表征参数	幅 值	能 量	峰前计数	上升时间	持续时间	振铃计数	平均频率
J_j 值	3.120	4.833	0.126	1.117	1.865	4.124	0.089

由表 4-4 可以看出,幅值、能量、振铃计数、上升时间和持续时间这 5 个表征参数的 J_j 值较其余 2 个表征参数在数量级上有明显差别,其中尤以能量、振铃计数、幅值 3 个表征参数最为明显。因此,选择能量、计数、幅值、持续时间、上升时间这 5 个表征参数作为模式识别的特征参数。这种选择的合理性从声发射信号二维图形上也可得到验证。

(2)特征组合的分类性能评价

在确定模式识别的特征参数时,按样品的单个特征进行选择得到的特征参数组合,其效果未必是最佳的,在有的情况下甚至是最坏的。因此,有必要对前面得到的特征参量组合(幅值、能量、振铃计数、持续时间和上升时间)进行评价。

从声发射信号的 7 个表征参数中任意选取 5 个进行组合,可以得到 $C_7^5 = 21$ 种特征组合。在这些特征组合中,如果所选特征参数组成的组合(幅值、能量、振铃计数、持续时间和上升时间)是最优的,则说明这种选择是可行的。因组合数($C_7^5 = 21$)数量不多,所以可采用穷举法进行计算。这里,采用类内方差阵 $\boldsymbol{S}_w$ 和类间方差阵 $\boldsymbol{S}_b$ 产生的可分性判据来对特征组合的分类性能进行评价,具体方法如下。

对各特征值 x_{jn}^i,用极差标准化方法进行标准化处理,得到归一化特征值 $\dot{x}_{jn}^i$ 如下:

$$\dot{x}_{jn}^i = \frac{x_{jn}^i - \min\limits_{1 \leqslant n \leqslant N_i} x_{jn}^i}{\max\limits_{1 \leqslant n \leqslant N_i} x_{jn}^i - \min\limits_{1 \leqslant n \leqslant N_i} x_{jn}^i} \qquad (4-11)$$

将任意 5 个特征参数组合所形成的向量表示为

$$\boldsymbol{z}'_n = [\dot{x}_{1n}^i \quad \dot{x}_{2n}^i \quad \dot{x}_{3n}^i \quad \dot{x}_{4n}^i \quad \dot{x}_{5n}^i]^T, \qquad i=1,2,\cdots,4; n=1,2,\cdots,N_i \quad (4-12)$$

第 i 类样本的均值向量用 $\boldsymbol{m}^i$ 表示如下:

$$\boldsymbol{m}^i = \frac{1}{N_i} \sum_{n=1}^{N_i} \boldsymbol{z}_n^i, \qquad i=1,2,3,4 \qquad (4-13)$$

所有各类样本的总平均向量用 $\boldsymbol{m}$ 表示如下:

$$\boldsymbol{m} = \sum_{i=1}^{4} \frac{N_i}{N_1+N_2+N_3+N_4} \boldsymbol{m}^i \qquad (4-14)$$

于是,类内方差阵和类间方差阵分别为

$$S_{\mathrm{w}} = \frac{1}{N_1 + N_2 + N_3 + N_4} \sum_{i=1}^{4} \sum_{n=1}^{N_i} (z_n^i - m^i)(z_n^i - m^i)^{\mathrm{T}} \qquad (4-15)$$

$$S_{\mathrm{b}} = \sum_{i=1}^{4} \frac{N_i}{N_1 + N_2 + N_3 + N_4} (m^i - m)(m^i - m)^{\mathrm{T}} \qquad (4-16)$$

用下式计算可分性判据 J：

$$J = \mathrm{tr}(S_{\mathrm{w}}^{-1} S_{\mathrm{b}}) \qquad (4-17)$$

J 值的大小反映了所选特征参量组合的分类性能。J 值最大的特征组合即是最优组合。

仍然用前面选择单个特征参量时的设计样本,按式(4-11)~式(4-17)计算不同特征组合的 J 值。在所有 21 种特征参量组合中,能量、振铃计数、幅值、持续时间和上升时间组合的 J 值最大($J^* = 5.881$),其次为能量、振铃计数、幅值、持续时间和平均频率组合($J' = 5.127$),再次为能量、振铃计数、幅值、上升时间和峰前计数组合($J'' = 4.235$)。这样就证明了所选择的特征组合(能量、振铃计数、幅值、持续时间和上升时间)在 5 个表征参数组合条件下是最优的,具有最佳分类性能。

4.3.2　裂纹损伤声发射信号的近邻识别法

近邻识别法是最近邻法和 K-近邻法的统称。若将样品看作是多维空间中的点,一种简单而直观的分类方法是将样品划入与其最接近的样品所属类别中去,这就是最近邻法。

1. 最近邻法

按最近邻法进行模式识别时,先选出待识别样品到每种模式样本的最小距离,再选出各个最小距离中的最小者,即找出待识别样品与最近邻的样品,并判待识别样品属于该样品所代表的模式。

假定研究对象(样品)有 a 个特征参量,所有样品依某种规则分别属于 c 种模式 $\omega_1, \omega_2, \cdots, \omega_c$;对于模式 $\omega_i (i=1,2,\cdots,c)$,有已知样品 N_i 个($i=1,2,\cdots,c$)。将属于 c 种模式的样品表示为如下向量形式:

$$X_n^i = \begin{bmatrix} x_{1n}^i & x_{2n}^i & \cdots & x_{an}^i \end{bmatrix}^{\mathrm{T}}, \qquad i=1,2,\cdots,c; \; n=1,2,\cdots,N_i \qquad (4-18)$$

式中:$x_{jn}^i (j=1,2,\cdots,a)$ 表示第 i 类模式的第 n 个样品的 j 特征参量值。

相应地,将待识别样品表示为

$$X = \begin{bmatrix} x_1 & x_2 & \cdots & x_a \end{bmatrix}^{\mathrm{T}} \qquad (4-19)$$

为了消除量纲的影响,对所有样品的特征值 x_{jn}^i 按式(4-11)进行标准化处理,得到归一化特征值 $\dot{x}_{jn}^i$。

这里采用 Euclid 距离作为模式距离的度量。待识别样品 X 与第 i 类模式的第 n 个样品的 Euclid 距离为

$$d_n^i = \sqrt{\sum_{j=1}^{a} (\dot{x}_j - \dot{x}_{jn}^i)^2} \qquad (4-20)$$

式中:$\dot{x}_j$ 表示待识别样品 X 的 j 特征参量 x_j 按式(4-11)进行标准化处理后的值。

按最近邻法,判别函数为待识别样品 X 与 ω_i 模式中各点距离的最小者,即

$$g_i(x) = \min_{1 \leqslant n \leqslant N_i} d_n^i \qquad (4-21)$$

最近邻法的决策规则为

$$g_{j*}(x) = \min_{1 \leqslant i \leqslant c} g_i(x) \quad \rightarrow \quad x \in \omega_{j*} \tag{4-22}$$

2. K -近邻法

由最近邻法很容易推广到 K -近邻法。最近邻法是根据距离待识别样品 $\boldsymbol{X}$ 最近的一个样品的类别来判断 $\boldsymbol{X}$ 的类别；而 K -近邻法则是根据 $\boldsymbol{X}$ 的 K 个近邻来判定 $\boldsymbol{X}$ 的类别。

设 N 个已知模式的样品中，有 N_1 个来自于 ω_1 模式，有 N_2 个来自于 ω_2 模式……有 N_c 个来自于 ω_c 模式，若待识别样品 $\boldsymbol{X}$ 的 K 个近邻中属于 $\omega_1, \omega_2, \cdots, \omega_c$ 模式的样品数分别是 $k_1, k_2, \cdots, k_c$，则按 K -近邻法定义判别函数为

$$g_i(x) = k_i, \quad i = 1, 2, \cdots, c \tag{4-23}$$

决策规则为

$$g_{j*}(x) = \max_{1 \leqslant i \leqslant c} k_i \quad \rightarrow \quad x \in \omega_{j*} \tag{4-24}$$

4.3.3　模式识别测试

从匀速加载条件下带预制裂纹的 30CrMnSi 合金钢试样裂纹损伤声发射检测的试验数据中，对每个试样在不同损伤阶段（即模式）各选取 10 个典型声发射信号，组成设计样本（模式已知），设计样本的容量为 $6 \times 4 \times 4 \times 10 = 960$。再从每个试样每个损伤阶段的试验数据中选取 5 个声发射信号，组成测试样本，测试样本的容量为 $6 \times 4 \times 4 \times 5 = 480$。采用 K -近邻法（K 取 8）进行模式识别测试，结果如表 4-5 所列。

表 4-5　K -近邻法模式识别结果

信号来源	识别结果				
	模式 1	模式 2	模式 3	模式 4	误判率/%
塑性变形	116	2	1	1	3.33
裂纹形成	4	110	6	0	8.33
稳定扩展	1	1	118	0	1.67
失稳断裂	1	0	1	118	1.67

由表 4-5 可以看出，采用 K -近邻法能获得较好的识别效果，对于所有 480 个测试样本，总的误判率为 $(4+10+2+2)/480 = 3.75\%$。在裂纹损伤的 4 种模式中，裂纹形成阶段引起的声发射信号比较容易产生误判情况，而且多为与模式 1、3 混淆。其原因可能有两个方面：一方面，由于裂纹形成阶段声发射信号的表征参数分布范围与塑性变形、裂纹稳定扩展比较接近；另一方面，所选的特征参量有限，未能将信号的所有信息包含进来，而且在一定程度上受到所选定的 K 值的影响（K 值越大，识别结果就会越准确，但计算量也会迅速增加）。但总体来说，K -近邻法能够对声发射特征参数进行有效识别，从而判定试样损伤所处阶段的状况。

4.3.4　关于近邻识别中模式距离计算方法的改进

前面所述的近邻识别法（包括最近邻法和 K -近邻法）中，在计算待识别样本与已知模式的距离时，能量、振铃计数、幅值、持续时间和上升时间等表征参数（标准化值）对距离的影响效果是同等的，也就是说，将它们的分类性能同等对待。但事实上，这些特征参数的分类性能是不同的。这由 4.3.1 小节中关于特征提取与选择的分析计算可以得到证明。因此，在计算待

识别样本与已知模式的距离时,应该考虑不同特征参量分类性能的影响。

这里,通过采用对不同特征参量的距离分量进行加权的方式来体现特征参量分类性能的影响,也就是将式(4-20)改为如下形式:

$$d_n^i = \sqrt{\sum_{j=1}^{a} f(J_j) \cdot (\dot{x}_j - \dot{x}_{jn}^i)^2} \qquad (4-25)$$

式中:J_j 为 j 特征参量的可分性判据值,可由式(4-10)计算得到;$f(J_j)$ 为 J_j 的函数,这里直接采用 J_j 值,即

$$f(J_j) = J_j \qquad (4-26)$$

通过以上方法对模式距离进行处理后,仍然用 K -近邻法步骤和样本进行模式识别,结果如表4-6所列。

表 4-6　对模式距离进行改进后的识别结果

信号来源	识别结果				
	模式 1	模式 2	模式 3	模式 4	误判率/%
塑性变形	115	2	1	2	4.17
裂纹形成	3	114	3	0	5.00
稳定扩展	1	0	118	0	0.83
失稳断裂	0	1	1	119	1.67

将表4-6与表4-5进行对比可以看出,对模式距离计算方法进行改变后的识别效果有所提高(改进后的总误判率为(5+6+1+2)/480=2.92%),但也有个别模式(如塑性变形模式)的测试样本的误判率较改进前增大,说明这种改进方法还有待进一步完善。

第5章 金属材料腐蚀损伤的声发射检测

腐蚀是金属材料构件(特别是容器、管道类构件)失效的一种重要形式。腐蚀不仅导致金属材料流失,而且腐蚀产物会使容器存储的介质变质,当腐蚀发展到一定程度时,还会产生泄漏甚至爆炸等严重后果。由于腐蚀是渐进的,其速度通常较慢,且腐蚀表面往往是隐蔽的,日常检查中难以及时发现腐蚀部位,因此,开展金属材料腐蚀检测技术研究,对于减少金属材料的损失、及时发现故障隐患、提高金属材料构件工作的可靠性具有十分重要的意义。

本章以铝合金 5A03 与浓硝酸组成的体系为例,探讨金属材料腐蚀损伤的声发射检测方法。

5.1 金属材料腐蚀损伤的声发射的相关机理

金属材料与腐蚀环境(或腐蚀介质)构成的体系不同,其腐蚀机理也有很大差异。这里以铝合金 5A03 与浓硝酸构成的体系为例,介绍金属材料腐蚀损伤的机理以及由腐蚀过程产生声发射的相关机理。

5.1.1 铝合金 5A03 在浓硝酸中发生腐蚀损伤的机理

常温条件下,铝合金 5A03 与浓硝酸接触时会产生钝化效应,合金表面生成一层致密的、不溶于浓硝酸的 $\gamma - Al_2O_3$ 薄膜(膜的厚度从数十A到数千A,$1\ A = 10^{-10}\ m$),以阻止浓硝酸进一步侵入基体内部引起深度腐蚀。但是,钝化并不意味着铝合金 5A03 完全不再受到腐蚀,只是受到腐蚀的速率极低而已。在钝化氧化膜中存在一些分子尺寸大小的孔隙,硝酸分子能够经由这些孔隙渗入到铝合金 5A03 基体表面内部发生深度的腐蚀。因此,在航空航天和国防领域,作为液体火箭氧化剂的浓硝酸(或四氧化二氮)中还必须加入适量的缓腐剂,以进一步降低腐蚀速率。

从铝合金 5A03 的显微组织来看,也存在一些导致其发生腐蚀的因素。图 5-1 所示为铝合金 5A03 在扫描电镜下的显微组织。由该图可知,铝合金 5A03 基本上是 α(Al)单相固溶体,但也有少量的、分散 β 相(Mg_2Al_3)。另外,还存在 $MnAl_6$、Mg_2Si 相。铝合金 5A03 的耐蚀性与 β 相的析出和分布有关。β 相的标准电位(-12.4 V)比 α 相(Al)固溶体高,在电解质中为阴极区,导致基体首先被溶解。若 β 相沿晶界析出形成网膜,则铝合金 5A03 的耐蚀性降低。同时,铝合金 5A03 中的 $FeAl_3$(杂质铁的存在形式)、铜(以固溶体形式存在)的电极电位也比基体高,将作为阴极而促进腐蚀速度的加快。

5.1.2 金属材料腐蚀损伤声发射的机理

早在 20 世纪 80 年代就有不少学者研究过金属材料腐蚀过程的声发射现象,并试图利用声发射技术来监测腐蚀过程。当时研究较多的是应力腐蚀开裂过程中的声发射,实际上这仍属于裂纹损伤声发射范畴。受声发射传感器技术和信号分析方法的限制,关于金属材料腐蚀过程产生声发射的源机制研究一直进展缓慢。20 世纪 90 年代以后,随着全数字发射仪器和宽带声发射传感器的出现,加上模态声发射理论的建立,人们在研究腐蚀过程声发射源机制研究方面取得了一定进展。

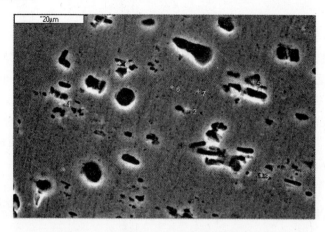

图 5 - 1　铝合金 5A03 显微组织(1 500×)

关于金属腐蚀过程产生声发射现象的原因,目前普遍认为有两种机制:一种机制是金属腐蚀过程会形成一层(钝化)膜,在膜破裂过程中会向物体施加一作用力,从而产生应力波(即声发射);另一种机制是腐蚀过程产生的微小气泡的破裂激发应力波,从而产生声发射。

5.2　金属材料腐蚀损伤的声发射检测试验

工程实际中,由于金属材料腐蚀损伤过程通常比较缓慢,且受环境因素(如温度、湿度、pH值等)的影响,因此,腐蚀损伤声发射检测一般采用在线监测的方式进行。为了便于在实际检测中准确判断声发射信号所反映的腐蚀损伤状态,通常需要了解被检测材料腐蚀损伤的声发射特性,并获取不同腐蚀损伤状态的典型声发射信号,这可以通过模拟试验的方式来实现。

下面以铝合金 5A03 为例,介绍金属材料腐蚀损伤声发射检测试验的一般方法。

5.2.1　试验方案

为简化问题,这里仅研究腐蚀介质浓度对金属材料腐蚀速度(或程度)的影响。为此采取如下措施:一是将腐蚀损伤监测试验置于恒温条件下进行(略高于室温,以缩短试验周期),从而消除温度变化对试验结果的影响;二是将试样接触腐蚀介质的尺寸固定,以消除各试样因腐蚀面积不同而对试验结果产生的影响。

金属材料腐蚀损伤声发射检测试验方案如图 5 - 2 所示。

试验前,将试样表面非试验部分(不浸入硝酸溶液的部分)涂敷一层凡士林,以减少其他腐蚀因素(如空气)的影响。用夹具将传感器固定在试样上端,依次连接传感器、声发射仪、计算机,并确认传感器安装(主要是耦合情况)可靠。往烧杯中加入事先配制的硝酸溶液,将烧杯放入恒温水浴锅开始加热(设定加热温度为 40 ℃)。当温度稳定后,将试样穿过橡胶塞的中心孔浸入硝酸溶液(浸入长度为 80 mm),再往烧杯中滴入几滴油液(使硝酸溶液表面覆盖一层油

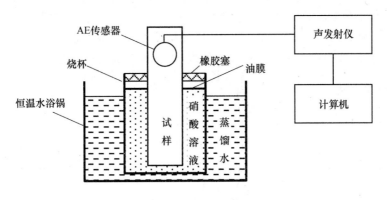

图 5 - 2　腐蚀损伤声发射检测试验方案示意图

膜,减少溶液挥发),然后盖紧橡胶塞,开始采集信号。试验过程中,腐蚀损伤产生的声发射信号由声发射传感器接收,并经 AMSY - 5 型声发射仪传送到外接计算机,最后由计算机进行分析和处理。

　　为了尽可能降低硝酸溶液浓度在试验过程中的变化程度,试验前应加入足够量的硝酸溶液。

5.2.2　试样制备

　　铝合金 5A03 是一种铝-镁系形变铝合金,旧牌号为 LF3。它具有抗蚀性强、可塑性好、比强度高以及压力加工性能和焊接性能良好等特点,常用于制造在液体介质中工作的中等强度的焊接件、冷冲压零件和容器等,如航天领域的液体推进剂储罐和火箭贮箱,此外还用作液体火箭推进剂转注设备(如泵车、槽车的管路以及加注设备中的集液罐等)的结构材料。

　　试验所用铝合金 5A03 材料的化学成分及含量见表 5 - 1,力学性能见表 5 - 2。其供应态的热处理工艺为 400 ℃×8 min 退火。

表 5 - 1　铝合金 5A03 的化学成分及含量

化学成分	Si	Fe	Cu	Mn	Mg	Zn	Ti	Al	杂质
含　量	0.5%～0.8%	0.5%	0.1%	0.3%～0.6%	3.2%～3.8%	0.2%	0.15%	余量	0.1%

表 5 - 2　铝合金 5A03 的力学性能

抗拉强度 σ_b/MPa	屈服强度 $\sigma_{0.2}$/MPa	延伸率 δ_5/%
≥175	≥80	≥15

　　腐蚀损伤声发射检测试验的试样为铝合金 5A03 板材试样,其尺寸为:长度 $L=200$ mm,宽度 $W=30$ mm,厚度 $B=6$ mm。

　　试样制备过程分两步进行:

　　① 截取坯料。用电火花线切割机从铝合金 5A03 板材(厚度为 6 mm)上按试样尺寸切取坯料,共制作 12 个。

　　② 表面处理。先用 400♯砂纸对试样表面进行手工打磨,然后在抛光机上进行抛光,再用酒精清洗。表面处理的主要目的是去除试样坯料表面的氧化层和油污,以便腐蚀溶液能接触

到试样基体表面并发生化学反应。

试样制备完成后，放置于玻璃干燥皿中，以免试样表面形成氧化铝薄膜。另外，每次试验完毕后，都要对试样按前述步骤②进行表面处理，以备再次试验时使用。

5.2.3　腐蚀介质

在航天领域，铝合金 5A03 储罐的腐蚀主要是由四氧化二氮吸水生成的硝酸引起的。四氧化二氮是一种强氧化剂，本身不燃烧，只可助燃；沸点低，只有 21.15 ℃。无水四氧化二氮对铝合金腐蚀性很小，但易吸收空气中的水分，生成硝酸并放热，其反应式为

$$3N_2O_4 + 2H_2O = 4HNO_3 + 2NO + 272.21 \text{ kJ}$$

四氧化二氮对铝合金的腐蚀作用随水分含量增大、硝酸浓度的升高（在低浓度范围内）而加剧。由此可见，铝合金 5A03 储罐的腐蚀与推进剂中的硝酸浓度（或含水量）有着密切的关系。为避免对推进剂储罐和火箭贮箱造成腐蚀，在航天和国防领域中，四氧化二氮的含水量（包括转变成硝酸的水分）被限定在很小的范围内。因此，关于铝合金 5A03 腐蚀损伤的试验研究选用稀硝酸溶液作为腐蚀介质，并以硝酸溶液浓度的不同级别来反映铝合金 5A03 腐蚀损伤的不同程度。

在低浓度范围内，稀硝酸溶液对铝合金 5A03 的腐蚀性随浓度增大而增强，浓度为 30% 左右的硝酸对铝合金的腐蚀性最强，超过此浓度后，硝酸对铝合金的腐蚀性随浓度增大而减弱。据此，为了考察铝合金 5A03 在不同浓度硝酸溶液中腐蚀过程的声发射特性，在较低浓度范围内配制了 12 种不同浓度的硝酸溶液为腐蚀介质。硝酸溶液浓度和对应的试验编号见表 5-3。

表 5-3　HNO_3 溶液浓度及试验编号

编　号	1	2	3	4	5	6	7	8	9	10	11	12
溶液浓度/%	0.1	0.3	0.5	0.7	1.0	1.4	1.7	2.0	3.0	5.0	10.0	19.8

5.2.4　参数设置

根据声发射检测的实践经验和腐蚀损伤声发射检测试验的实际情况，各主要参数设置如下：

采样频率（Sample Frequency）：5 MHz。

每组采样数（Samples per Set）：设置为 2 048。

信号阈值（Threshold）：设定为 28.8 dB。

脉冲频率（Pulse Rate）：设为 Normal（90～210 kHz）、脉冲串时间间隔 100 ms、每脉冲串脉冲数 1、脉冲幅度峰-峰值 100 V。

预触发数（PreTrig.）：设置为 350。

持续鉴别时间（Dur.DisT.）：取系统默认值（400 μs）。

重整时间（RearmT.）：取系统默认值（3.2 ms）。

前端滤波（Fronted Filter）：取系统默认值（95 kHz，高通）。

RMS 时间常数（RMS Time Constant）：取 1 000 ms。

5.2.5　试验过程及现象

进行腐蚀损伤声发射检测试验前,先进行仪器标定,以检验仪器参数设置是否合理,同时确认传感器安装(主要是耦合情况)可靠。本试验以仪器产生的标准脉冲信号激励作为模拟源进行标定,若仪器检测到的信号幅值都在 95 dB 以上,则证明传感器耦合效果良好,仪器参数设置合理。

根据声发射检测的经验,腐蚀声发射信号幅值低,易受环境噪声的干扰。因此,进行腐蚀试验前,先进行 30 min 噪声监测。实测噪声为 25 dB 左右。

铝合金 5A03 试样腐蚀损伤声发射检测试验现场如图 5-3 所示。

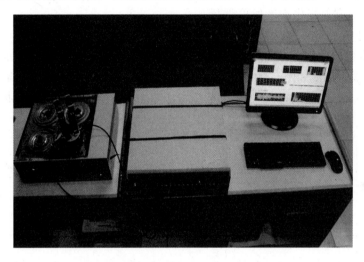

图 5-3　腐蚀损伤声发射检测试验现场

试验刚开始时比较"安静",对偶尔出现的信号能很容易地判断为噪声信号。因为由系统产生的电磁信号从波形上很容易识别,而恒温水浴锅调节温度时它自身就会发出声音提示。试验开始一段时间后,传感器才接收到了腐蚀信号,并能在试样表面观察到有小气泡产生。传感器开始接收到腐蚀信号的时间随腐蚀溶液浓度的不同而不同。随着腐蚀溶液浓度的升高,传感器首次接收到腐蚀信号的时间提前,说明腐蚀不会在试样放入腐蚀液的那一刻就开始,而是在浸泡了一定的时间之后才发生。腐蚀信号产生的过程与点蚀的一个重要特征相一致:点蚀仅在一定的条件下,即当阳极极化电位高于点蚀成核临界电位时才会发生。这说明了腐蚀的初期阶段是点蚀,而声发射技术能够很灵敏地检测到腐蚀的萌生。

随着试验的继续进行,观察到腐蚀表面气泡逐渐增多,一些气泡从腐蚀表面脱附上升到溶液表面破灭,另一些气泡在腐蚀表面就破灭了。在试验继续进行一段时间后,腐蚀表面小体积的气泡开始减少,取而代之的是数量较少而体积稍大一些的气泡。这些气泡在腐蚀表面的停留时间较长,并随时间的延长,气泡的体积也会变大。这样的气泡一般都会在腐蚀表面破裂,而这些气泡破裂对腐蚀表面产生的应力波足以让传感器接收到。

为了研究铝合金 5A03 长时间处于腐蚀介质中的腐蚀声发射特性,每次腐蚀损伤声发射检测试验连续进行 72 h。

5.3　金属材料腐蚀损伤的声发射特性分析

5.3.1　腐蚀声发射信号表征参数分析

对铝合金 5A03 进行腐蚀损伤试验时,随着腐蚀溶液(硝酸)浓度的增大,声发射的上升时间、持续时间、振铃计数以及能量等表征参数也相应地发生变化,两者(溶液浓度与表征参数)之间表现出较强的联系。这种联系实际上反映了腐蚀溶液对铝合金 5A03 腐蚀损伤的内在规律。因此,通过分析铝合金 5A03 腐蚀声发射信号表现出来的特性,可以了解该材料腐蚀损伤的发生、发展过程,并对损伤程度做出判断。

1. 事件数分析

在连续 72 h 的腐蚀损伤声发射检测试验中,铝合金 5A03 试样的腐蚀损伤声发射事件数与硝酸溶液浓度的关系曲线如图 5 - 4 所示。由图可以看出,随着浓度的提高,腐蚀声发射信号的数量明显增加,并且浓度越高,腐蚀信号的数量增加越快,说明溶液浓度对腐蚀的影响非常明显。

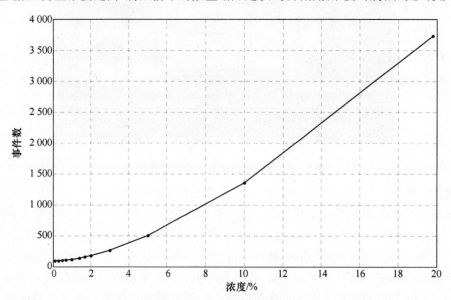

图 5 - 4　腐蚀声发射事件数与硝酸浓度关系曲线

在腐蚀损伤声发射检测试验过程中,对应于硝酸溶液浓度小于 3.0% 的铝合金 5A03 试样,仪器采集的腐蚀声发射信号数量较少,且信号的统计特征区别不大,没必要逐一进行分析。因此,在对腐蚀声发射信号进行统计分析时,仅选取硝酸溶液浓度为 0.1%、0.7%、1.4%、3.0%、5.0%、10.0%、19.8% 的试验结果进行分析。由于腐蚀事件的发生具有一定的随机性,先将腐蚀信号数量按每小时发生事件数统计,再对每个浓度下单位时间事件数随时间的变化作曲线拟合,如图 5 - 5 所示。

对照图 5 - 5 中曲线,分析如下:

① 7 个浓度下的波形走向比较一致,都经历了从平缓、上升、下降再到平缓的过程。由此可将腐蚀分为 4 个阶段:腐蚀初始期、腐蚀活跃期、腐蚀减速期、腐蚀平稳期。

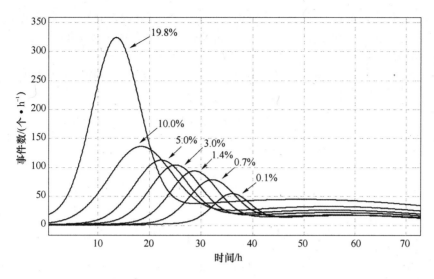

图 5-5　不同浓度下腐蚀声发射事件数随时间变化的关系

② 腐蚀初始期随溶液浓度的升高而变短。表 5-4 统计了各浓度条件下腐蚀阶段的时间分布区间。由图 5-5 及表 5-4 可以看出,腐蚀过程并不是从试样放入腐蚀液中就开始,而是经过了一段时间,其长度随浓度的增加而变短,说明溶液的浓度对初始腐蚀的发生时间有一定影响。腐蚀初始期随浓度的增加而迅速地变短,这说明浓度的提高使腐蚀加剧,使试样提前进入了腐蚀活跃期。

表 5-4　各浓度条件下腐蚀阶段的时间分布区间

硝酸浓度/%	0.1	0.7	1.4	3.0	5.0	10.0	19.8
腐蚀初始期/h	21～29	17～24	13～18	9～15	6～12	2～8	1～3
腐蚀活跃期/h	29～36	24～32	18～28	15～25	12～22	8～18	3～13
腐蚀减速期/h	36～42	32～42	28～37	25～34	22～34	18～32	13～25
腐蚀平稳期/h	42～72	42～72	37～72	34～72	34～72	32～72	25～72

③ 腐蚀活跃期的时长受浓度的影响并不大,基本上在 7～10 h 范围内。从试验现象来看,腐蚀表面渐渐变多的气泡表明,试样内部正进行着剧烈的化学反应。该时期是点蚀的发展期,其腐蚀声发射源机制复杂,存在氢气泡破裂、钝化膜破裂和腐蚀产物的摩擦等多种可能。

④ 腐蚀减速期中反映出的规律并不明显,时长为 6～14 h。从试验现象来看,该时期腐蚀表面的微小气泡减少,并开始出现稳定的体积稍大的气泡。采集的数据显示,腐蚀信号的数量开始减少。从腐蚀阶段来看,经过前期的点蚀,这个时期蚀孔已经形成,腐蚀产物开始在孔口堆积,使蚀孔内部的腐蚀环境与外部隔绝。这些使蚀孔内形成浓硝酸环境,并使氧扩散困难而导致了孔内缺氧,从而导致了蚀孔的进一步发展。由于腐蚀模式的转换和氢气泡的生成速度减慢,腐蚀信号的数量开始减少。这个时期混杂着点蚀生成与蚀孔发展两种腐蚀形式,声发射源机制更为复杂,不仅包含了腐蚀活跃期存在的各种可能,还增加了蚀孔发展过程产生的声源。

⑤ 腐蚀减速期之后进入了平稳期,这个时期一直延续到试验结束。从试验现象来看,进入该时期后腐蚀表面的微小气泡已经消失,取而代之的是几个较大的气泡。这类气泡在腐蚀表面停留的时间较长,并且有不断变大的趋势。从腐蚀阶段来看,点蚀阶段已经基本结束,蚀

孔进一步发展,开始形成晶间腐蚀。从腐蚀声发射信号的数量来看,浓度越大则信号数量越多,但总的来说,平稳期的腐蚀信号数量较少,说明该时期的腐蚀比较平缓。

2. 振铃计数分布

在 72 h 腐蚀损伤声发射检测试验中,铝合金 5A03 试样腐蚀损伤声发射信号振铃计数分布如表 5 - 5 所列。

表 5 - 5　不同硝酸浓度水平下的腐蚀声发射信号振铃计数分布

硝酸浓度/%	0.1	0.7	1.4	3.0	5.0	10.0	19.8
振铃计数分布区间	2～16	1～19	1～26	1～35	1～43	1～73	1～259
95%上限值	14	17	23	33	27	55	127
95%下限值	3	1	1	2	1	2	2
均　值	6.1	6.9	7.5	8.8	10.7	21.1	32.8
标准偏差	4.4	5.5	6.8	9.3	13.0	21.0	48.4

表 5 - 5 中,振铃计数分布区间是对应硝酸浓度水平下声发射信号振铃计数的最多、最少数量范围;95%上限值、95%下限值分别是声发射信号按振铃计数数量排列时 95%的信号(数量)对应的上限值和下限值,它们构成的区间为相应腐蚀声发射信号振铃计数的 90%分布范围;均值为对应硝酸浓度水平下所有腐蚀声发射信号振铃计数的平均值;标准偏差用下式计算得到:

$$\sigma_C = \sqrt{\frac{1}{N}\sum_{i=1}^{N}(C_i - \overline{C})^2} \qquad (5-1)$$

式中:N 为样本总数(即某浓度下所有的腐蚀声发射信号),C_i 为单个声发射信号的振铃计数,$\overline{C} = \frac{1}{N}\sum_{i=1}^{N}C_i$ 为对应硝酸浓度水平下所有腐蚀声发射信号振铃计数的平均值。

由表 5 - 5 可知,在前述试验所选的硝酸浓度范围内,铝合金 5A03 试样腐蚀产生的声发射信号振铃计数介于 1～259 之间,分布范围较窄,且没有出现振铃计数很大的信号。随着硝酸浓度的增加,振铃计数越来越大,分布范围也越来越宽,且振铃计数的分布随硝酸浓度的增加而更加分散,具有明显的规律性。

图 5 - 6 所示为腐蚀声发射信号振铃计数(平均值)与硝酸浓度关系曲线。可以看出,声发射信号振铃计数(平均值)近似呈线性地随硝酸溶液浓度的增大而增大。这说明硝酸溶液的浓度对腐蚀信号振铃计数的大小有一定影响,浓度越大,所产生腐蚀信号的振铃计数越大。

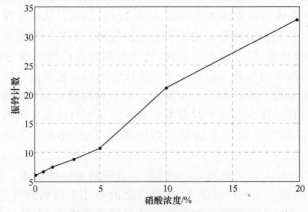

图 5 - 6　腐蚀声发射信号振铃计数与硝酸浓度关系曲线

3. 上升时间分析

铝合金 5A03 试样的腐蚀声发射信号上升时间分布如表 5-6 所列。

表 5-6　不同硝酸浓度水平下的腐蚀声发射信号上升时间分布

硝酸浓度/%	0.1	0.7	1.4	3.0	5.0	10.0	19.8
分布区间/μs	0.2~38.8	0.2~45.2	0.2~50.6	0.2~58.2	0.2~97.4	0.2~264.2	0.2~340.0
95%上限值/μs	37.4	42.6	46.0	55.2	62.2	152.6	281.2
95%下限值/μs	0.4	0.8	2.2	4.6	0.2	0.2	6.6
均值/μs	15.5	16.8	18.1	21.5	29.4	59.3	138.8
标准偏差/μs	14.2	15.1	15.9	18.3	28.2	66.5	90.7

由表 5-6 可知,在前述试验所选的硝酸浓度范围内,铝合金 5A03 试样腐蚀声发射信号上升时间介于 0.2~340.0 μs 之间,分布范围较宽,但未出现上升时间很长的声发射信号。随着硝酸浓度的增加,声发射信号上升时间(均值)变长,分布范围变宽(标准偏差增大),且上升时间的分布随硝酸浓度的增加而更加分散,具有明显的规律性。

图 5-7 所示为腐蚀声发射信号上升时间(均值)与硝酸浓度关系曲线。可以看出,当硝酸浓度较低时,上升时间(均值)的变化比较平缓;当硝酸浓度增大时,上升时间的变化略陡一些。总体来说,腐蚀声发射信号上升时间近似呈线性地随硝酸浓度的增大而增大。这说明硝酸溶液的浓度对腐蚀信号上升时间的长短有一定影响,浓度越大,所产生腐蚀信号的上升时间越长。

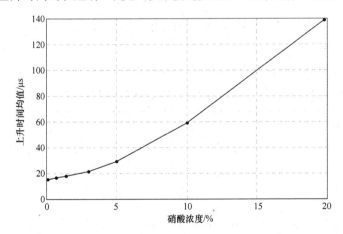

图 5-7　腐蚀声发射信号上升时间与硝酸浓度关系曲线

4. 持续时间分析

铝合金 5A03 试样的腐蚀声发射信号的持续时间分布如表 5-7 所列。

表 5-7　不同硝酸浓度水平下的腐蚀声发射信号持续时间分布

硝酸浓度/%	0.1	0.7	1.4	3.0	5.0	10.0	19.8
分布区间/μs	15.0~268.2	6.8~315.4	12.2~380.6	11.4~461.0	3.4~513.4	28.4~771.2	0.6~1 590.8
95%上限值/μs	117.6	189.8	251.4	378.0	482.6	655.4	992.8
95%下限值/μs	24.2	16.4	25.6	31.8	19.8	83.8	80.2
均值/μs	72.8	93.8	117.3	149.6	168.4	316.6	451.7
标准偏差/μs	55.2	82.2	105.8	133.6	160.1	208.7	301.7

　　由表 5-7 可以看出,在前述试验所选的硝酸浓度范围内,铝合金 5A03 腐蚀产生的声发射信号持续时间介于 $0.6 \sim 1\,590.8\ \mu s$ 之间,分布范围很宽。随着硝酸浓度的增加,持续时间(均值)越来越长,分布范围也越来越宽,且持续时间的分布随硝酸浓度的增加而更加分散,具有明显的规律性。

　　图 5-8 所示为腐蚀声发射信号持续时间(均值)与硝酸浓度关系曲线。可以看出,声发射信号持续时间近似呈线性地随硝酸溶液浓度的增大而增大。这说明硝酸溶液的浓度对腐蚀声发射信号持续时间的长短有一定影响,浓度越大,所产生腐蚀声发射信号的持续时间越长。

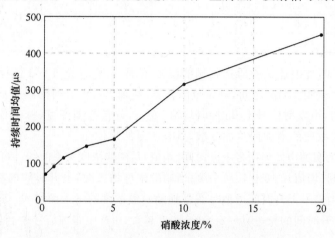

图 5-8　腐蚀声发射信号持续时间与硝酸浓度关系曲线

5. 能量分布

　　铝合金 5A03 试样的腐蚀声发射信号能量分布如表 5-8 所列。

表 5-8　不同硝酸浓度水平下的腐蚀声发射信号能量分布

硝酸浓度/%	0.1	0.7	1.4	3.0	5.0	10.0	19.8
能量分布区间/eV	1.4~4.3	1.3~5.6	1.5~5.8	1.2~5.9	1.9~9.9	2.1~15.0	1.5~38.0
95%上限值/eV	3.7	4.1	4.2	4.4	7.5	14.0	18.0
95%下限值/eV	1.6	1.6	1.8	1.4	2.0	2.2	2.3
均值/eV	2.6	2.7	2.8	2.9	4.2	6.1	7.1
标准偏差/eV	1.1	1.1	1.3	1.3	2.5	4.2	6.3

　　由表 5-8 可以看出,在前述试验所选的硝酸浓度范围内,铝合金 5A03 腐蚀产生的声发射信号能量介于 $1.2 \sim 38.0\ eV$ 之间,分布范围较窄。随着硝酸浓度的增加,腐蚀声发射信号的能量越来越多,能量分布范围也越来越宽,且能量的分布随硝酸浓度的增加而更加分散,具有明显的规律性。

　　图 5-9 所示为腐蚀声发射信号能量(均值)与硝酸浓度关系曲线。可以看出,声发射信号的能量随硝酸溶液浓度的增大而增多。

5.3.2　腐蚀声发射信号频谱分析

　　图 5-10 所示为试验中获得的不同硝酸浓度水平下铝合金 5A03 腐蚀声发射信号典型波形及其频谱,图(a)~(g)中对应的硝酸浓度依次为 0.1%、0.7%、1.4%、3.0%、5.0%、10.0%、19.8%。由图 5-10 可以看出,在所有硝酸浓度水平下,腐蚀声发射信号的峰值频率

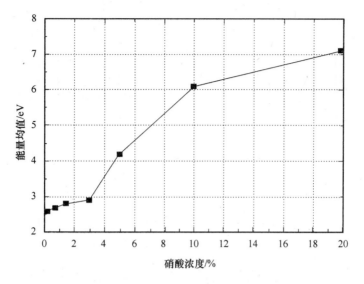

图 5 - 9　腐蚀声发射信号能量与硝酸浓度关系曲线

均介于 150～450 kHz 之间。

　　不同浓度水平下铝合金 5A03 腐蚀声发射信号频率质心的分布见表 5 - 9。可以看出,对所有硝酸浓度水平,声发射信号的频率质心介于 161～484 kHz 之间。对不同硝酸浓度而言,声发射信号的频率质心分布区间、90%概率区间大部分都重叠,其均值、分散性也很相近,因此可以认为,对不同的硝酸浓度,铝合金 5A03 腐蚀声发射信号的频率分布没有表现出明显的规律性。

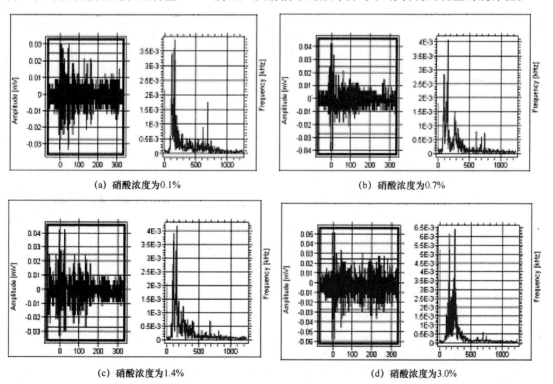

(a) 硝酸浓度为0.1%　　　　　　　　　　(b) 硝酸浓度为0.7%

(c) 硝酸浓度为1.4%　　　　　　　　　　(d) 硝酸浓度为3.0%

图 5 - 10　不同浓度下铝合金 5A03 腐蚀声发射信号典型波形及其频谱

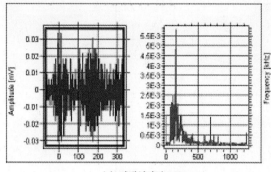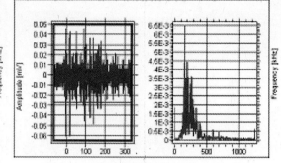

(e) 硝酸浓度为5.0%　　　　　　　　　　　(f) 硝酸浓度为10.0%

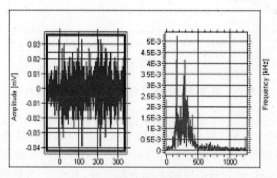

(g) 硝酸浓度为19.8%

图 5-10　不同浓度下铝合金 5A03 腐蚀声发射信号典型波形及其频谱(续)

表 5-9　不同硝酸浓度水平下的腐蚀声发射信号频率质心分布

硝酸浓度/%	0.1	0.7	1.4	3.0	5.0	10.0	19.8
频率质心分布区间/kHz	175~311	187~352	201~412	193~484	168~347	161~327	220~392
95%上限值/kHz	291	302	376	403	303	313	359
95%下限值/kHz	203	211	233	217	196	184	247
均值/kHz	265.3	269.6	293.5	303.6	247.5	233.3	298.3
标准偏差/kHz	46.6	50.3	72.6	81.1	50.7	46.0	36.1

5.4　基于声发射的金属材料腐蚀损伤神经网络识别

5.4.1　腐蚀损伤级别的划分

在铝合金 5A03 试样腐蚀声发射检测试验中,腐蚀声发射事件数明显随着硝酸浓度的增大而增多(参见图 5-4)。而腐蚀声发射事件数反映了腐蚀过程的活跃程度,也就是腐蚀损伤的程度,因此,可以将腐蚀声发射检测试验中的硝酸浓度作为划分铝合金 5A03 腐蚀损伤级别的指标。

当硝酸浓度介于 0.1%~0.7%之间时腐蚀声发射事件数很少,表明此时试样的腐蚀损伤程度是极轻微的;当硝酸浓度介于 1.0%~3.0%之间时腐蚀声发射事件数略有增加,表明此时试样仅有轻度的腐蚀损伤。随着硝酸浓度的增大,铝合金 5A03 试样腐蚀声发射事件数逐渐增多,铝合金 5A03 腐蚀损伤的程度也逐渐加剧。当硝酸浓度达到 10.0%时,腐蚀损伤已很严重;当硝酸浓度达到 19.8%时,铝合金 5A03 腐蚀损伤的程度已非常严重。由此,可以得到反映铝合金 5A03 不同腐蚀损伤程度的 5 个级别,分别用 1、2、3、4、5 表示,腐蚀损伤程度依次增大。铝合金 5A03 腐蚀损伤级别与硝酸浓度的对应关系见表 5-10。

表 5-10　铝合金 5A03 腐蚀损伤级别与所对应的硝酸浓度

硝酸浓度/%	0.1~0.7	1.0~3.0	5.0	10.0	19.8
损伤程度	轻微	轻度	重度	严重	非常严重
损伤级别	1	2	3	4	5

为了验证上述铝合金 5A03 腐蚀损伤级别划分的合理性,下面进行硝酸浓度分别为 0.3%、0.5%、1.0%、5.0% 时铝合金 5A03 的电化学试验。电化学测试电解池选用 EG&G 公司的容积为 1 L 的玻璃电解池,辅助电极为大面积石墨惰性电极,参比电极选用饱和甘汞电极 (SCE);配以 EG&G 公司的 M273A 恒电位仪进行测试。试验设置参数如下:

试样面积:1 cm²;

扫描速率:2 mV/s;

初始电位:-600 mV;

终止电位:1.8 V;

温度:25 ℃。

由试验测得的各硝酸浓度下铝合金 5A03 腐蚀的阴、阳极极化曲线如图 5-11 所示。图中横坐标为 ln I(I 为腐蚀电流,mA/cm²),纵坐标为电位(在图(a)、(b)中以 mV 为量纲,在图(c)、(d)中以 V 为量纲)。由图可以看出,硝酸浓度为 0.3% 和 0.5% 时,铝合金 5A03 的腐蚀速率(电流)相近且最小;硝酸浓度为 1.0% 时,铝合金 5A03 腐蚀速率(电流)明显增大;硝酸浓度为 5.0% 时,铝合金 5A03 腐蚀速率(电流)要远远大于前三种浓度下铝合金 5A03 的腐蚀速率(电流)。这与前面关于铝合金 5A03 在不同浓度硝酸中的腐蚀声发射事件数的分析是一致的。因此,可以认为,以铝合金 5A03 在不同浓度硝酸中的腐蚀声发射事件数为标准,将铝合金 5A03 腐蚀损伤程度划分为 5 个级别是合理的。

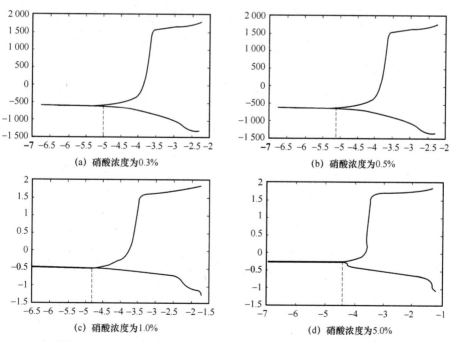

图 5-11　不同硝酸浓度下,铝合金 5A03 腐蚀的阴、阳极极化曲线

5.4.2　BP 神经网络模型的构建

将铝合金 5A03 腐蚀损伤的不同级别作为不同的模式,用 BP 神经网络进行模式识别,根据识别的结果可以判断某个腐蚀声发射信号(待识别样本)所属的模式,即特定条件下铝合金 5A03 腐蚀损伤的程度。

（1）网络层数的确定

中间层具有抽象的作用,它能从输入提取特征。增加中间层可提高神经网络的处理能力,但同时使训练复杂化,并使黑盒子效应强化。铝合金 5A03 腐蚀损伤声发射信号模式识别属于分类问题,一个中间层就可以实现。因此,网络层数确定为三层:输入层、输出层、中间层。

（2）输入层节点数的确定

分别计算腐蚀声发射信号在不同表征参数下的类内类间距离(参见 4.3.1 小节),并以此作为可分性判据,选取铝合金 5A03 腐蚀声发射信号的事件数、振铃计数、上升时间、持续时间、能量这 5 个表征参量作为腐蚀声发射信号模式识别的特征参数。同时,经过分析计算表明,由这 5 个特征参数组成的组合在 5 个特征参数条件下具有最好的分类性能。于是,BP 神经网络输入层的节点数为 5 个(分别对应腐蚀声发射信号的事件数、振铃计数、上升时间、持续时间、能量)。

（3）输出层节点数的确定

在 BP 网络输出层,通过综合比较声发射信号各特征参量,形成一个输出值,经过对这个输出值所属范围的判断,即可确定待识别样本所属的模式类别。因此,输出层节点数确定为 1。

（4）中间层节点数的确定

中间层结点的确定是构建神经网络模型过程中的难点,目前还没有一种有效的方法可以精确确定中间层的节点数。这里依次选取中间层结点数目为输入节点数的 1、2、3、4、5、6 倍,分别对网络进行测试,根据测试结果,确定使网络性能最优的中间层节点数。

5.4.3　基于神经网络的腐蚀声发射信号模式识别

1. 网络训练

从铝合金 5A03 腐蚀损伤声发射检测的试验数据中(对低浓度水平数据组合后),对每个硝酸浓度水平(与腐蚀损伤级别相对应)各选取 10 个典型声发射信号,组成训练样本(训练样本的容量为 5×10＝50)。对训练样本中各腐蚀声发射信号的幅值、上升时间、持续时间、振铃计数和能量等表征参数按下式进行标准化处理:

$$\dot{x}_{jn}^{i} = \frac{x_{jn}^{i} - \min_{1 \leqslant n \leqslant 10} x_{jn}^{i}}{\max_{1 \leqslant n \leqslant 10} x_{jn}^{i} - \min_{1 \leqslant n \leqslant 10} x_{jn}^{i}}, \qquad i = 1,2,3,4,5; \ j = 1,2,3,4,5 \qquad (5-2)$$

式中:x_{jn}^{i} 为第 i 类腐蚀损伤级别的第 n 个声发射信号的 j 特征参量值;$\dot{x}_{jn}^{i}$ 为相应的归一化值。

将标准化处理后的各训练样本输入网络进行训练,网络输出值为 1、2、3、4、5,分别对应第 1、2、3、4、5 级损伤程度。

上述 BP 网络可用 MATLAB 编程实现。采用默认初始权值和阈值,根据附加动量法结合自适应学习率调整法对网络进行批量式训练。中间层传递函数为对数 Sigmoid 函数,输出层传递函数为线性 Purelin 函数。

经 5 万次训练后,中间层节点数为 5、10、15、20、25、30 时的均方误差($\times 10^{-3}$)分别为 143.7、43.61、30.08、8.294、0.400 0、2.137。可见,当中间层结点数为 25 时误差最小,因而 BP 神经网络的中间层结点数选定为 25。图 5-12 所示为中间层节点数为 25 时网络的误差变化曲线。

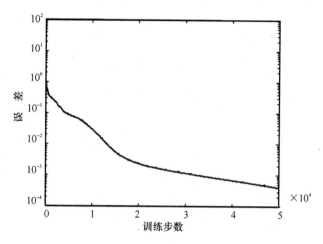

图 5-12　中间层 25 节点网络的误差曲线

2. 模式识别测试

用训练样本对训练好的网络进行测试,误判率为 0,说明网络的训练效果很好,能按规定的输入-输出关系建模。另外再从腐蚀损伤声发射检测试验数据中选取 90 个声发射信号,对网络进行测试,样本数及识别结果见表 5-11。

表 5-11　BP 网络测试结果

损伤级别	1	2	3	4	5
样本数	5	20	5	15	50
误判数	1	1	0	2	4
误判率/%	20.0	5.0	0.0	13.3	8.0

由表 5-11 可见,训练好的网络对各损伤级别样本信号的误判率均较低。对于所有 90 个测试样本,总的误判率为(1+1+2+4)/90×100%=8.89%。虽然误判率比第 4 章中对高强度合金钢试样进行裂纹损伤信号识别时的误判率高,但考虑到腐蚀声发射信号幅值低、易受环境噪声影响等因素,这一识别效果已非常理想。

第6章 纤维增强型复合材料拉伸损伤的声发射检测

在各类机械设备和工程结构中,复合材料尤其是纤维增强型复合材料得到了越来越广泛的应用,这对提高设备(或构件)承载能力、简化设备结构、减轻设备重量发挥了很大作用。与此同时,如何对复合材料开展有效检测,以确保其工作可靠性,就成为工程技术人员必须解决的问题,并成为近年来声发射检测技术领域研究的热点之一。

本章以碳/环氧复合材料拉伸损伤检测为例,介绍运用声发射技术检测复合材料损伤的主要方法与过程。

6.1 复合材料及其损伤检测方法简介

复合材料是指两种或两种以上不同性能的材料在宏观尺度上组成的多相材料。相对于传统的金属材料而言,复合材料具有比强度和比模量高、抗疲劳和容伤性能好、耐高温、减震性能好、性能可设计等优点。一般来说,复合材料是由其主要组分——增强体和基体,通过层压、缠绕、混杂等形式复合而成的。按照分类标准和分类方式的不同,复合材料的分类如图6-1所示。

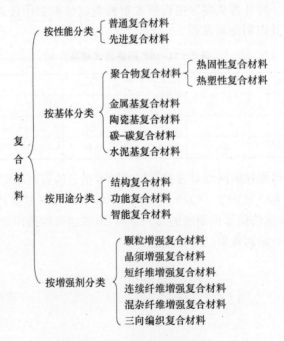

图 6-1 复合材料的分类

工程上常用的碳/环氧复合材料(全称为碳纤维/环氧树脂复合材料)是典型的纤维增强树脂基复合材料,属于热固性聚合物基材料。该材料具有很高的比强度、比刚度以及良好的耐高温、耐高湿、抗腐蚀等综合性能,在航空航天、石油化工、建筑、交通等众多领域得到了广泛应用。在该材料中,环氧树脂(基体)将碳纤维(增强材料)黏结成整体,并以剪切力形式将载荷传递给碳纤维;均匀分布于基体内的碳纤维起到增强基体、承担主要载荷的作用。基体保持纤维间相互隔绝,使纤维能协同作用,从而降低纤维强度的分散性。另外,基体还对增强材料起着保护作用,以免受机械损伤和环境侵蚀。在纤维增强聚合物基复合材料中,有一个至关重要的中间物理相——界面。界面是纤维和基体互相接触结合而成的共同边界,它的存在使得复合材料中纤维和基体产生出组合的力学性能,这是两者单独存在时所不具有的。

复合材料的损伤机制和损伤扩展机制比各向同性材料要复杂得多。从宏观损伤破坏模式看,目前学术界公认的纤维增强复合材料损伤可以分为 4 种:基体开裂、纤维断裂、界面开裂以及针对层合板复合材料的分层。各种损伤破坏模式可能单独发生,也可能结合在一起发生;占支配地位的一种或多种损伤破坏模式主要取决于复合材料体系中基体、纤维、界面三者的相对强度、刚度以及纤维取向、铺层方式和环境载荷等条件。从损伤的产生和发展机制看,复合材料构件的损伤可分为制造加工损伤和使用引起的损伤。其中,制造加工引起的损伤(初始缺陷)主要包括:纤维铺设不均匀、扭结、死扣;树脂不均匀;纤维切断;固化不足;孔隙、气泡;杂质、瑕疵;等等。使用引起的损伤主要有:树脂裂纹、龟裂;界面开裂;分层;纤维断裂;磨损、擦痕、压痕、裂口;蠕变;等等。

目前,通常用于复合材料内部缺陷无损检测的方法有:X 射线照相、CT、超声、声发射、热成像、渗透法和全息摄影等。表 6-1 列出了几种适用于复合材料的无损检测方法。值得注意的是,单靠某一种无损检测技术往往不可能检出所有的缺陷,通常需要综合使用几种无损检测方法,并且辅以一定的理论分析,才能对复合材料损伤程度及其发展规律得出正确的评价。

表 6-1　复合材料无损检测方法比较

检测方法	适用范围	优　点	缺　点
X 射线照相	表面微裂纹、孔隙、夹杂物、贫胶、纤维断裂等	灵敏度高,可提供图像,可进行灵活的实时检测	对人体有害,操作者须经专门培训,图像需处理
CT 法	用于裂纹、夹杂物、气孔、分层、密度分布的检测	图像分辨率高,可实现三维直观图像	检测效率低,成本高,不便于大型构件现场检测
超声	用于内部缺陷检测、厚度测量和材料性能表征	易于操作、快速、可靠、灵敏度高	需使用耦合剂,不同的缺陷需使用不同探头
声-超声	检测细微缺陷群	材料完整性评估	噪声剔除困难
声发射	加载过程的各种损伤及其扩展	能检测缺陷和损伤的动态发展	损伤评定标准需经过试验确定
热成像	厚度较薄的复合材料	能提供全场图像	工件表面热吸收率要好
渗透法	表面开口裂纹与分层	简便、可靠、快速	检测前必须清洁工件

对于复合材料损伤机理的研究,较为传统的方法是利用金相显微镜或者电子显微镜对材料损伤和断裂表面进行微观观察,分析推断损伤的发展过程,也有以某种无损检测技术为手段,对复合材料材料的损伤过程进行研究,如声发射法、电阻法等。但总的发展趋势是,将各种有效的无损检测技术与显微观察的方法相结合,并对损伤过程进行力学分析,才能更为深入地认识复合材料的损伤机理。

目前,复合材料损伤机理与损伤力学的研究已经取得了一定的成果。但是,一方面由于复合材料损伤过程极其复杂,另一方面已进行的研究尚不够系统、不够深入或使用的手段、方法等较为单一,使得目前对复合材料损伤认识还不能满足工程需要。因此,本章以声发射技术为主要手段,从单向复合材料平板声发射源定位入手,结合电阻法和电镜显微观察等试验方法,并辅以可靠性分析,对复合材料损伤过程进行研究,以期使读者全面掌握复合材料损伤发展规律,并据此对在役复合材料构件损伤程度做出科学评价。

6.2 复合材料声发射源的时差定位

6.2.1 时差定位法在复合材料检测中的局限性

在工程应用中,声发射源位置的确定通常采用时差定位法,通过测量时差、声速、传感器位置坐标,然后计算声发射源的坐标。其定位精度取决于材料中声波传播速度测量精度以及传感器之间时差的测量精度。实际操作中,一般事先测量材料中的声速,并把声速设定为不变的常数。这对大多数金属材料结构来说是可行的,但对于复合材料来说,由于其力学性能的各向异性等特点,使得声波在复合材料不同方向上的传播速度并不相同,因此现有的时差定位法不适用于纤维增强型复合材料结构的声发射源定位,这在一定程度上制约了声发射技术在复合材料结构损伤检测中的应用。

下面将采用理论分析与试验研究相结合的方法,以现有的声发射源时差定位法为基础,提出一种能够适用于非均质、各向异性材料的声发射时差定位方法。

6.2.2 复合材料平板不同方向上的声速测量与拟合

试验所用材料为 T700 纤维/环氧树脂复合材料单向平板,尺寸如下:长度 500 mm,宽度 400 mm,厚度 2 mm。

以凡士林作为耦合剂将两个声发射传感器安装在碳/环氧复合材料平板上的 A、B 位置,A 和 B 中心距为 300 mm,AB 连线与纤维方向平行(如图 6-2 所示)。

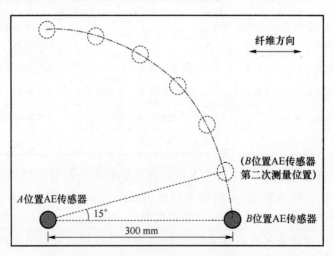

图 6-2 复合材料平板声速测量示意图

用声发射仪产生的标定脉冲信号作为模拟声发射源信号对声速进行测量。由 A 位置传感器发射脉冲信号,该信号在复合材料板中传播一段距离后由 B 位置传感器接收。记录信号到达 B 位置传感器所用的时间 Δt,经计算可得声波在复合材料 AB 方向上的传播速度 $v=d/\Delta t$。

保持传感器的位置 A 不变、AB 中心距不变,改变 AB 连线与纤维方向的夹角大小(图 6-2 中虚线圆表示 B 位置的传感器在第二次及后续各次测量时所处的位置),每隔 15°重复上述声速测量过程(角度值依次为 0°、15°、30°、45°、60°、75°、90°)。在每个角度测量声速 12 次,取声速测量值的平均值作为该方向上声发射信号的传播速度,从而得到声速-角度的关系。

由表 6-2 所列测量结果可以看出,由于复合材料的各向异性特点,使得在复合材料的不同方向(角度)上测得的声速各不相同。其中,在平行纤维的方向(0°)上测得声波的传播速度最大。声波的传播速度随角度的增加而递减,并在与纤维垂直的方向(90°)上达到最小值。另外,在复合材料中声速随角度增加的递减速度也由快变慢。这是由于各方向上材料性质不同而造成的,0°方向是纤维方向,碳纤维是石墨晶体材料,声波在其中传播的速度很快,因而 0°方向的声速大;相反,在 90°方向,纤维之间分布的是大量的树脂基体,环氧树脂材料为高分子材料,声波在其中的传导速度较慢。

表 6-2　复合材料平板声速测量结果

角　度	0°	15°	30°	45°	60°	75°	90°
	(0)	($\pi/12$)	($\pi/6$)	($\pi/4$)	($\pi/3$)	($5\pi/12$)	($\pi/2$)
声速/(m·s^{-1})	8 427.10	5 660.39	4 065.05	3 201.86	2 759.21	2 626.29	2 556.09

对表 6-2 的声速与角度数据进行不同阶次多项式拟合,拟合曲线如图 6-3 所示。通过比较拟合曲线,发现四次多项式拟合效果最好。式(6-1)即为得到的四次多项式拟合方程:

$$v = 789\alpha^4 - 4\,848\alpha^3 + 11\,745\alpha^2 - 13\,277\alpha + 8\,424 \tag{6-1}$$

式中:v 为声速,单位为 m/s;α 为测量方向与纤维方向的夹角,单位为 rad(弧度),且 $0 \leqslant \alpha \leqslant \pi/2$。若声波传播方向与纤维方向的夹角大于 $\pi/2$,α 取该夹角的补角,则由拟合公式或拟合曲线可以求出声波在复合材料中沿任意方向传播时的速度。

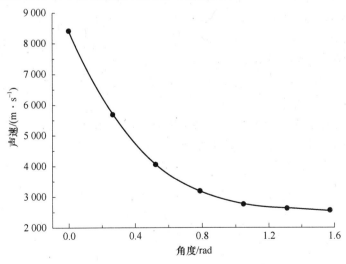

图 6-3　复合材料中声速与角度的关系(拟合曲线)

6.2.3　单向纤维增强复合材料平板声发射源时差定位方法

　　单向纤维增强复合材料平板声发射时差定位方法如图 6-4 所示。在单向纤维增强复合材料平板上安装三个声发射传感器,其位置分别记为 A、B、C。为简化计算,这里将 A 设定为坐标原点,且以 AB 连线为 x 轴,建立平面直角坐标系,则三个传感器的坐标值依次为 $(0,0)$、$(x_B,0)$、(x_C,y_C)。

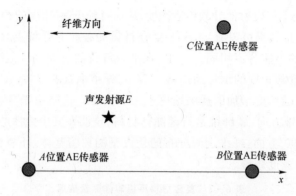

图 6-4　复合材料平板声发射源定位示意图

　　假设复合材料平板上有一个位置待确定的声发射源 $E(x_E,y_E)$,其产生的声发射信号到达传感器位置 B、C 与到达 A 的时间差依次为 Δt_{AB}、Δt_{AC}(若某传感器比 A 点传感器先接收到该信号,则相应的时间差为负值)。声发射源定位的任务就是求出 E 点的坐标值 (x_E,y_E)。

　　由时差定位法的原理可得

$$\left. \begin{array}{l} \dfrac{\sqrt{(x_E-x_B)^2+y_E{}^2}}{v_{BE}} - \dfrac{\sqrt{x_E^2+y_E^2}}{v_{AE}} = \Delta t_{AB} \\[3mm] \dfrac{\sqrt{(x_E-x_C)^2+(y_E-y_C)^2}}{v_{CE}} - \dfrac{\sqrt{x_E^2+y_E^2}}{v_{AE}} = \Delta t_{AC} \end{array} \right\} \qquad (6-2)$$

式中:v_{AE}、v_{BE}、v_{CE} 分别表示声发射波沿 AE、BE、CE 方向传播的速度。由时差定位方法(详见 2.3 节)可知,对于各向同性材料,声速与声波在材料中的传播方向没有关系,对同一种材料而言为常数。但是,对于非均质、各向异性的复合材料,由于声波在不同方向的传播速度不同,如果忽略声速与传播方向的这种关系,将式(6-2)中的声速 v_{AE}、v_{BE}、v_{CE} 看作不变的常量进行声发射源时差定位,则必然产生较大的误差。这也是目前为止声发射源时差定位法不适用于各向异性材料的原因。

　　由声速测量试验可知,声波在复合材料中传播时,声速随传播方向(传播方向与纤维方向的夹角)变化而变化,即 v_{AE}、v_{BE}、v_{CE} 各不相同。根据前面建立的坐标系,A、B、C、E 各点坐标值与声波方向之间存在如下关系:

$$\left. \begin{array}{l} \alpha_{AE} = \arctan\left|\dfrac{y_E}{x_E}\right| \\[3mm] \alpha_{BE} = \arctan\left|\dfrac{y_E}{x_B-x_E}\right| \\[3mm] \alpha_{CE} = \arctan\left|\dfrac{y_C-y_E}{x_C-x_E}\right| \end{array} \right\} \qquad (6-3)$$

式中：α_{AE}、α_{BE}、α_{CE} 为声发射源和各传感器间连线与纤维方向的夹角，其取值范围为 $[0,\pi/2]$。

考虑到声波传播速度与传播方向存在式（6-1）的函数关系，于是有

$$\left.\begin{aligned}
v_{AE} &= 789\alpha_{AE}^4 - 4\,848\alpha_{AE}^3 + 11\,745\alpha_{AE}^2 - 13\,277\alpha_{AE} + 8\,424 \\
v_{BE} &= 789\alpha_{BE}^4 - 4\,848\alpha_{BE}^3 + 11\,745\alpha_{BE}^2 - 13\,277\alpha_{BE} + 8\,424 \\
v_{CE} &= 789\alpha_{CE}^4 - 4\,848\alpha_{CE}^3 + 11\,745\alpha_{CE}^2 - 13\,277\alpha_{CE} + 8\,424
\end{aligned}\right\} \qquad (6-4)$$

这样，只要测得时间差 Δt_{AB}、Δt_{AC}，通过求解式（6-2）、式（6-3）、式（6-4）联立而成的方程组，就可以得到声发射源 E 点的坐标。当然，这需要借助 MATLAB 之类的数值计算工具，且仅能得到 x_E、y_E 的数值解，而非解析解。

为检验该定位方法的有效性，用断铅信号作为模拟声发射信号，进行了复合材料平板声发射源定位试验。试验前，以凡士林为耦合剂将三个声发射传感器安装在 6.2.2 小节所述的碳/环氧复合材料单向平板上，其坐标依次为 A（0 mm、0 mm）、B（300 mm、0 mm）、C（300 mm、250 mm）。试验结果如表 6-3 所列。

表 6-3　复合材料平板声发射源定位试验结果

试验序号	断铅点位置坐标/mm		时间差/ms		定位结果/mm	
	x_E	y_E	Δt_{AB}	Δt_{AC}	x	y
1	50	100	0.015 1	0.032 2	52.0	100.6
2	100	150	0.006 5	−0.011 8	100.9	152.1
3	150	50	−0.000 2	0.051 8	150.8	54.5
4	200	100	−0.007 4	0.008 0	202.2	104.7

可以看出，利用此方法对模拟声发射源进行定位具有较高的精度，可以实现对非匀质、各向异性复合材料声发射源定位。

需要指出的是，这里提出的复合材料声发射定位方法只是针对纤维增强型单向复合材料平板，而工程中应用的复合材料结构件往往复杂得多。因此，对于复杂结构的声发射定位技术，还有待进行深入研究。

6.3　碳/环氧复合材料拉伸损伤的声发射检测试验

6.3.1　试验设备

试验所用声发射检测仪器为 AMSY-5 型声发射仪，传感器为 AE2045S 型声发射宽带传感器（相关性能指标详见 4.1.2 小节）。

试验中用于加载的设备是深圳三思公司生产的 CMT5205 型 200 kN 级万能材料试验机。

为深入分析碳/环氧复合材料的损伤过程与机理，试验过程中还需要监测试样（如碳/环氧复合材料单向板）在拉伸损伤过程中电阻的变化，以便与拉伸过程中的声发射信号进行对照研究。试验中采用美国安捷伦公司生产的 Agilent 34401A 型数字万用表作为电阻测量仪。该万用表的精度是 6 位半，对于电阻的测量可以精确到 1 mΩ。

• 82 • 基于声发射的材料损伤检测技术

6.3.2 试样制备

试验选用的碳纤维材料为 T-700,环氧树脂则由两种混合而成,其中一种为 TDE-85 环氧树脂,其环氧值为 0.85,另一种为 AGF-90 环氧树脂,环氧值为 0.85~0.90。

考虑到 0°方向(以[0]表示,其余角度表示方法与此同)是纤维复合材料的主要承力方向,因而这里着重研究复合材料[0]单向板的损伤过程。但是,为了更为深入地了解复合材料拉伸损伤的机理,同时也为了方便复合材料拉伸过程各种损伤模式声发射信号的提取,除了制备复合材料三个方向的单向板([0]、[45]、[90])试样以外,还制备了复合材料的两种组分试样——环氧树脂试样及碳纤维束试样。此外,为了考察碳纤维与树脂基体之间的复合效应,还制备了浸胶碳纤维束试样。

(1)[0]单向板试样

制作该试样的复合材料按模压成型并固化,然后依据 GB/T 3354—1999《定向纤维增强塑料拉伸性能试验方法》进行机械加工。为了防止拉伸机的夹头将试样夹坏,在试样的两端用树脂胶粘贴由硬铝材料加工而成的加强片。试样的外形及尺寸如图 6-5 所示。

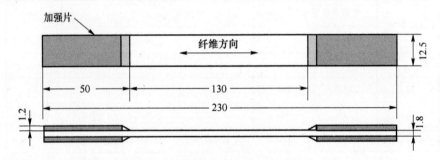

图 6-5 [0]单向板试样外形及尺寸

(2)[45]单向板试样

材料的制备与试样的加工方法及试样尺寸均与[0]单向板相同,不同的是,纤维的方向与试样拉伸的方向成 45°角。此外由于试样的拉伸强度比[0]单向板低很多,故不需要使用加强片对试样两端进行加强。

(3)[90]单向板试样

材料的制备与试样的加工方法及试样尺寸均与[0]单向板一样,碳纤维与试样的拉伸方向成 90°角,试样两端不需要粘贴加强片。

(4)环氧树脂试样

将环氧树脂与稀释剂、固化剂按照一定的配比混合均匀,浇铸到标准模具中,然后在烘烤箱中按照标准程序加温固化。最后用机械加工的方法进行切割,试样的长、宽、高尺寸分别为:$l=120$ mm,$b=15$ mm,$h=6$ mm。

(5)碳纤维束试样

用剪刀将 T-700 纤维束剪成 230 mm 长度的小段,然后在两端用 502 胶粘贴长度为 50 mm铝加强片,以方便拉伸机夹具的夹持。

(6)浸胶碳纤维束试样

将碳纤维束放入环氧树脂胶槽中,经充分浸润之后取出并固化,然后按照碳纤维束试样的加工方法制备浸胶碳纤维束试样。制备该试样的目的,是为了与碳纤维束试样的拉伸试验进行对比,区分并提取出界面损伤的声发射信号。

6.4　组分材料及[90]、[45]单向板拉伸损伤过程及声发射特性

复合材料的力学性能并不是其各相材料性能的简单叠加或平均,而是取决于各物理相相互作用产生的复合效应和协同效应,实际上是各相材料及其所形成的界面相互作用、相互依存、相互补充的结果。在外力的作用下,复合材料的损伤破坏过程由于其各相材料之间的复合效应和协同效应而变得非常复杂。

尽管各组分材料的性能及损伤机理在复合前后可能发生一定变化,甚至存在很大的差异,但是复合材料的拉伸损伤机理依然与这些组分材料的拉伸损伤过程有着密切的联系。因此,弄清楚各组分材料的断裂损伤过程是研究复合材料断裂损伤机理的基础与前提。

与碳/环氧复合材料[0]单向板相比,[45]单向板和[90]单向板的强度很低,在复合材料结构设计中,这些方向都不是结构的主要承力方向。此外,与[0]单向板相比,[45]和[90]单向复合材料的损伤断裂过程也简单得多。因此,本着先简后繁的原则,这里先讨论各物理相材料及[45]、[90]单向复合材料的断裂损伤过程,并采用声发射特征参数分析法描述和表征上述各种材料的损伤过程和损伤特征,从而为研究[0]单向复合材料拉伸损伤过程奠定基础。

6.4.1　环氧树脂基体试样拉伸损伤过程及声发射特性

T700 纤维/环氧树脂复合材料所用基体为热固性环氧树脂,在基体的生产加工过程中,会不可避免地引入夹杂、微裂纹、气泡等原始缺陷,这些缺陷的存在将大大影响基体材料的强度。在受载条件下,无论是纯环氧树脂材料还是复合材料中的基体部分,裂纹都会从这些缺陷处开始萌生,并随载荷的增加逐渐扩展。因此,研究纯环氧树脂材料的损伤过程及其损伤声发射特性,将有助于对复合材料损伤中的基体损伤过程的认识。

1. 试验方案

试验材料:环氧树脂基体

试样数量:6 根

试样编号:基体 1#～基体 6#

声发射仪通道门槛值:38.6 dB

声发射采样频率:10 MHz

每个波形采样点数:2 048

试验中材料试验机采用位移控制加载方式,加载速率设定为 2 mm/min。两个声发射传感器以凡士林为耦合剂对称安装在试样两端(靠近试样上的加强片),相距 40 mm,并用松紧带固定,使其耦合更紧密,同时可以防止在拉伸过程中传感器出现滑动、脱落。

2. 损伤过程及声发射特性

图 6-6 所示为环氧树脂试样(试样编号:基体 1#)拉伸损伤过程中典型的载荷与声发射参数随时间变化的关系图。

由载荷-时间关系曲线可看出,载荷随时间呈线性增长,线性度非常好,加载过程非常平稳。载荷-时间关系曲线的斜率变化非常小,只是在加载的后期稍微减小。最终断裂在 185 s 时突然

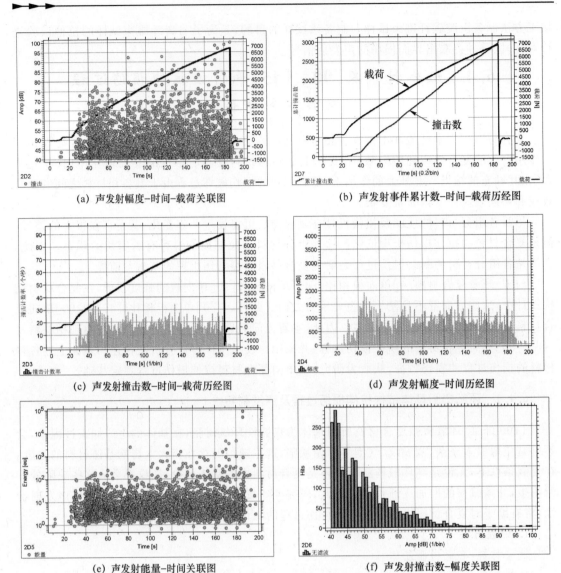

(a) 声发射幅度-时间-载荷关联图　　　　(b) 声发射事件累计数-时间-载荷历经图

(c) 声发射撞击数-时间-载荷历经图　　　　(d) 声发射幅度-时间历经图

(e) 声发射能量-时间关联图　　　　(f) 声发射撞击数-幅度关联图

图 6-6　环氧树脂试样拉伸损伤过程的声发射检测结果

发生,且发生前无任何征兆,载荷-时间曲线也无任何抖动。由此可以看出,载荷-时间曲线没有表现出较为严重的损伤迹象,最后断裂是突然出现。然而,从图中声发射的变化可以看到,从加载开始,就持续不断地有声发射信号产生。从图 6-6(b)、(c)、(d)可以看出,声发射信号伴随拉伸过程平稳地产生,这表明随着载荷的增加,材料损伤的增加是均匀而平稳的。

观察图 6-6(a),发现声发射信号随着载荷的增加,幅值有升高的趋势;从图 6-6(e)的声发射信号的能量上看,也有类似的趋势。从以上两图中可以看到,加载到 80 s、3 200 N 之后,开始产生了少量高幅值、高能量的声发射信号,其幅值可达到 80 dB 以上,有的甚至超过 90 dB,此外,声发射波形持续时间和振铃计数也有显著的增加。这说明在拉伸的过程中,损伤的程度逐渐严重。

另外,从图 6-6(f)可以统计出,整个损伤过程声发射信号的总体幅值比较低,85.3%的声发射信号幅值在 60 dB 以下;整个损伤过程声发射信号总数也较少,总数在 3 000 个以下(见图 6-6(b))。

图 6-7 所示为该试样在不同加载时间段的声发射定位图。从图中可以看出,声发射信号所产生的位置在试样上分布也是很均匀的,并没有集中于试样的某个位置,也没有随着时间的推移而出现声发射撞击率增大或声发射信号集中的现象。这说明拉伸的过程中损伤遍布整个试样,并且损伤是从加载开始就产生。

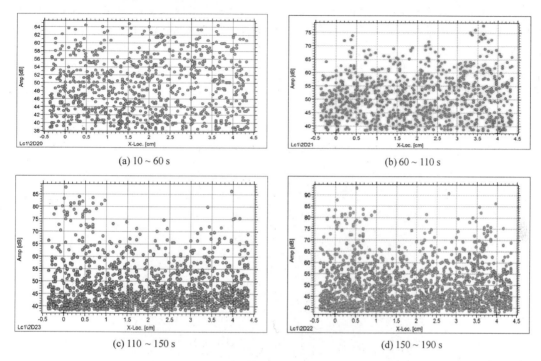

(a) 10 ~ 60 s　　　　　　　　　　　　(b) 60 ~ 110 s

(c) 110 ~ 150 s　　　　　　　　　　　(d) 150 ~ 190 s

图 6-7　环氧树脂试样拉伸损伤过程中,不同时间段声发射定位图

图 6-8 所示为环氧树脂基体试样拉伸过程声发射信号的频率统计特性。从图中可以看出,环氧树脂基体拉伸过程声发射信号的频率中心在 165 kHz 左右,与金属材料相比较为偏低。其原因是:环氧树脂为高分子粘弹性材料,弹性模量比金属材料低,而塑性好,故其声发射信号幅值与频率较金属材料低。

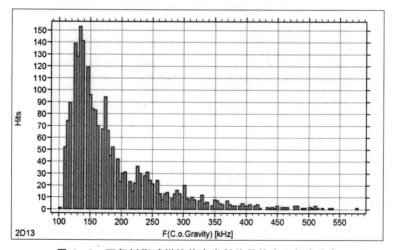

图 6-8　环氧树脂试样拉伸声发射信号的中心频率分布

在 6 根环氧树脂试样拉伸损伤试验过程中,断裂载荷均在 6 800 N 左右,波动幅度不大,并且拉伸过程的声发射特性均与图 6-6 相类似,试验的可重复性较好。

综合上述现象可知:由于环氧树脂基体在加工成型过程中不可避免地会产生夹杂、微裂纹、气泡等原始缺陷,而且这些缺陷很可能随机分布于整个试样,在载荷的作用下,基体在原始缺陷处首先发生破坏并生成微裂纹,随着载荷的增加这些微裂纹发生扩展,但是这个过程是平稳的、均匀的,损伤没有向某个地方集中。在宏观上,这些微损伤并没有对载荷-时间曲线产生较大影响。随着载荷的继续增大,微裂纹也不断扩大,损伤逐渐加剧,试样的刚度在加载的末期有轻微的下降。试样最后突然脆断,脆断之前无论是载荷-时间曲线还是声发射信号特性,都没有明显的前兆。断裂的原因是某个裂纹部位承受的应力达到了其局部的临界值而迅速失稳扩展。这可以从树脂基体试样断口形貌中分析得出,裂纹源(见图 6-9(a)中放射状纹理指向的中心区域,即该图下部中心区域)的应力达到临界值后,裂纹便迅速向周围扩展,扩展的纹理非常光滑(见图 6-9(b)),说明损伤发展速度很快。

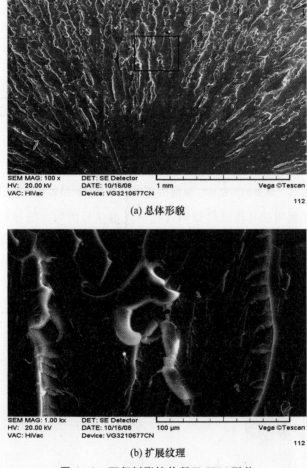

(a) 总体形貌

(b) 扩展纹理

图 6-9　环氧树脂拉伸断口 SEM 形貌

6.4.2　碳纤维束试样拉伸损伤过程及声发射特性

碳纤维是碳/环氧复合材料中的主要承载材料,碳/环氧复合材料的力学性能基本上取决于碳纤维,例如复合材料的强度与刚度几乎都由碳纤维决定,此外复合材料强度的离散性从本质上说是由于碳纤维强度的离散性而造成的。因此,研究碳纤维束拉伸损伤过程及其声发射特性,有助于了解碳/环氧复合材料的拉伸损伤机理。

1. 试验方案

试验材料:T700 纤维束

试样数量:6 根

试样编号:纤维 1♯～纤维 6♯

声发射仪通道门槛值:38.6 dB

声发射采样频率:10 MHz

每个波形采样点数:2 048

试验中材料试验机采用位移控制加载方式,加载速率设为 2 mm/min。两个声发射传感器以凡士林为耦合剂对称安装在试样上,相距 100 mm,并用松紧带固定。

2. 损伤过程及声发射特性

图 6-10 所示为 T700 纤维束试样(试样编号:纤维 1♯)拉伸损伤过程中典型的载荷与声发射表征参数随时间变化关系图。

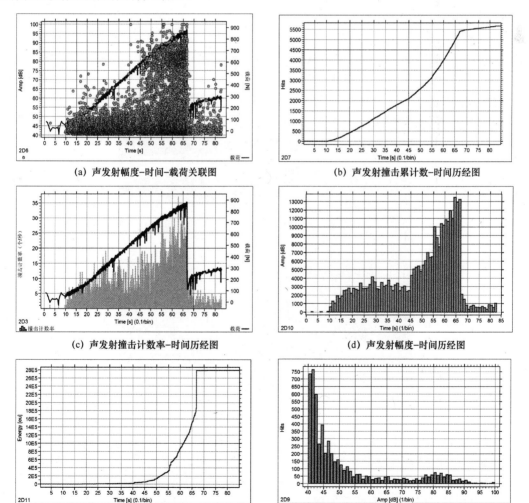

(a) 声发射幅度-时间-载荷关联图　　　　(b) 声发射撞击累计数-时间历经图

(c) 声发射撞击计数率-时间历经图　　　　(d) 声发射幅度-时间历经图

(e) 声发射能量-时间历经图　　　　(f) 声发射撞击数-幅度关联图

图 6-10　碳纤维束试样拉伸损伤过程中,典型载荷与声发射参数随时间变化的关系图

由图 6-10(c)可以看出,载荷随时间(位移)大致呈线性增长。斜率变化不大,但在加载的末期斜率有较明显的下降。最终断裂形式较为突然,断裂之前征兆不太明显。值得注意的是,载荷-时间曲线很不平滑,加载的过程一直有微小的抖动,从加载到 18 s 开始偶尔有卸载的现象。这些卸载随着外载的增加变得越来越频繁,卸载程度也越来越严重。仔细观察发现这些卸载处声发射活动往往更为频繁。这些现象说明,在加载过程中,不断有碳纤维的断裂,而且随着载荷的增加,数根纤维集群断裂的现象越来越严重也越来越频繁。这可以从碳纤维力学性能的离散性来解释。在加工碳纤维过程中不可避免地会引入缺陷,这些缺陷造成了各个碳纤维之间力学性能的差异;碳纤维束拉伸过程中,含有较严重缺陷的纤维较早断裂,剩下纤维的性能就变得更加集中,在加载过程中断裂就愈来愈以集群的方式进行,而且这些集群断裂的纤维束也越来越大。

由图 6-10(a)、(c)、(d)和(e)可以看出,T700 纤维束的拉伸断裂过程大致可以分为如下两个阶段。

第一阶段:从开始加载到 40 s。此阶段声发射撞击数随时间增加较快。从图 6-10(b)可以看出,如果按照 40 s 以后的增长规律拟合曲线,则试验结果显示 40 s 之前的撞击增长速度高于拟合曲线。尽管 40 s 以前的声发射累计撞击数很大,占总数的 30% 左右,但是幅值大都在 55 dB 以下,尤其是能量累计只占总能量的 2% 左右(见图 6-10(e))。这说明在此阶段纤维束发生断裂等较严重的损伤较少。拉伸前对碳纤维束进行电镜观察(如图 6-11 所示),发现有很多碳纤维处于松弛、相互缠绕甚至弯曲的状态。因此,在拉伸初期这些纤维必然存在逐渐绷紧的过程,在这个过程中纤维间发生相互摩擦,进而产生大量的声发射信号,但这些声发射信号的幅值和能量都较低。

图 6-11　碳纤维束 SEM 照片

第二阶段:从 40 s 开始到最终断裂。由图 6-10(b)可以看出,声发射累计撞击数随时间呈指数增长,高幅值、高能量的声发射信号开始大量的出现,甚至有很多 90 dB 以上的声发射信号。这说明此阶段纤维已经开始连续发生大量的断裂。当然,在此阶段,仍然存在很多的小幅值声发射信号,这是因为即便是加载的末期,依然有强度较大的纤维处于弹性阶段,其弹性变形也会产生小幅值的信号。另外,这个阶段依然会少量存在着纤维的摩擦,这也会产生低幅值声发射信号。

观察图 6 - 10(a)不难发现,声发射信号的幅值随着载荷呈现上升的趋势非常明显。这说明,碳纤维在较高受载下断裂产生的声发射信号幅值、能量较高。

从整个断裂过程来看,虽然低幅值信号数量依然占大部分,但是 60 dB 以上的信号占到总数的 35％(见图 6 - 10(f))。从图 6 - 12 可以看出,对信号的中心频率来说,中心频率为 250 kHz 以上的信号占近一半。与环氧树脂材料相比(见图 6 - 6(a)与图 6 - 8),碳纤维拉伸损伤的声发射信号幅值较高,频率也较高。

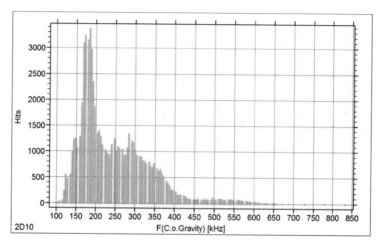

图 6 - 12　碳纤维拉伸声发射信号的中心频率分布

通过 6 个试样的试验,虽然每次试验过程中具体的声发射数据不相同,但是其声发射特性基本都与纤维 1♯ 试样相同,试验有很好的重复性。但是受到纤维强度离散性的影响,纤维束的最终拉伸断裂载荷变化较大,如表 6 - 4 所列。

表 6 - 4　碳纤维束拉伸最终断裂载荷

试样编号	纤维 1♯	纤维 2♯	纤维 3♯	纤维 4♯	纤维 5♯	纤维 6♯	平均值	离散系数
断裂载荷/N	880	1 040	930	768	1 120	990	954.67	12.99％

6.4.3　浸胶碳纤维束拉伸损伤过程及声发射特性

由于纤维增强复合材料的复合效应,使得碳纤维在复合材料中表现出来的力学性能与碳纤维束相比有很大的差异。为了研究这种差异及其原因,设计了浸胶碳纤维束拉伸试验,以研究碳纤维性能与复合材料性能之间的联系。

1. 试验方案

试验材料:浸润环氧树脂胶的 T700 纤维束

试样数量:6 根

试样编号:浸纤 1♯ ～ 浸纤 6♯

声发射仪通道门槛值:38.6 dB

声发射采样频率:10 MHz

每个波形采样点数:2 048

试验中拉伸机采用位移控制加载方式,加载速率设为 2 mm/min。两个声发射传感器以凡士林为耦合剂对称安装在试样上,相距 100 mm,并用松紧带固定。

2. 损伤过程及声发射特性

图 6 - 13 所示为浸胶碳纤维束试样(试样编号:浸纤 1♯)拉伸损伤过程中典型的载荷与声发射表征参数随时间变化的关系图。

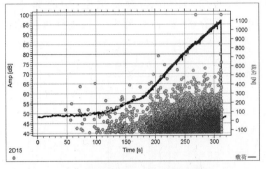

(a) 声发射幅度-时间-载荷关联图

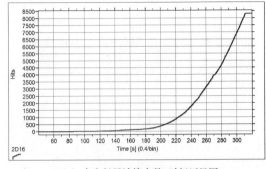

(b) 声发射累计撞击数-时间历经图

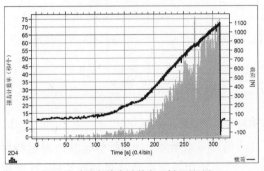

(c) 声发射撞击计数率-时间历经图

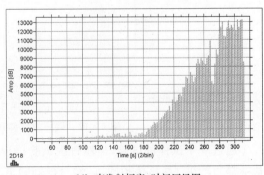

(d) 声发射幅度-时间历经图

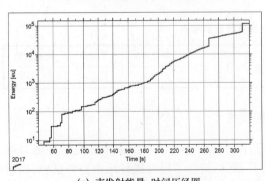

(e) 声发射能量-时间历经图

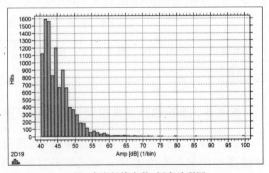

(f) 声发射撞击数-幅度关联图

图 6 - 13　浸胶碳纤维束试样拉伸损伤过程中,典型载荷与声发射参数随时间变化的关系图

从图 6 - 13(a)所示的载荷曲线来看,载荷上升比较平稳,斜率比较稳定。但是,载荷-时间曲线显得较粗较宽,表明试验过程载荷存在较小幅度的抖动,反映加载过程仍然偶尔有卸载现象发生。与碳纤维拉伸过程的载荷-时间曲线相比,卸载的频率、幅度明显变小。浸胶碳纤维束试样最终断裂载荷如表 6 - 5 所列。由表 6 - 5 可知,经过浸润树脂胶以后,最终断裂载荷平均值较纯纤维有所增强,离散性也有明显降低。这说明碳纤维经过树脂浸润后,强度的离散性减小,各个纤维间协同承担外载的能力得到加强。

表 6 - 5　浸胶碳纤维束试样拉伸试验最终断裂载荷

试样编号	胶纤 1#	胶纤 2#	胶纤 3#	胶纤 4#	胶纤 5#	胶纤 6#	平均值	离散系数
断裂载荷/N	1 100	1 308	1 042	1 160	1 020	1 240	1 145.00	9.89%

将图 6 - 13 与图 6 - 7、图 6 - 10 进行对比,可以看出,浸胶碳纤维束拉伸损伤过程有关声发射参数的分布介于环氧树脂与碳纤维之间。由于浸胶碳纤维束比较明显地综合了纤维与基体的声发射特性,因此其拉伸过程必然部分包含了基体与纤维的断裂损伤。根据这一推断,应用聚类方法(详细过程参见 6.6 节),将浸胶纤维束拉伸过程中的声发射信号按最终类别设定为三类进行聚类。聚类结果得出的三类声发射信号中心频率分布及各类信号数量统计如图 6 - 14 所示。对比环氧树脂与碳纤维束拉伸过程声发射信号中心频率分布,发现第二类与碳纤维束信号相似,绝大多数信号的中心频率都在 250 kHz 以上。第一类信号的中心频率绝大多数的频率中心在 250 kHz 以下,这与树脂基体损伤的信号相近。第三类信号的频率介于上述两种信号,主要分布在 220～300 kHz 之间。这样,可以推断第一类为树脂损伤信号,第二类为纤维损伤信号,第三类为界面损伤信号。从图 6 - 14(d)可以看到,从信号的数量来说,界面信号最多,这与在浸胶纤维拉伸的试验现场能听到很多"噼噼啪啪"声响的现象相符。从图 6 - 14(d)可以看出,浸胶纤维束拉伸的损伤过程较为简单,各类损伤声发射信号的数量均随着加载过程平缓、单调上升。值得注意的是,树脂基体的损伤依然如 6.4.1 小节所述一样,损伤随加载时间均匀发展,而纤维与界面损伤增加得较快。在图 6 - 14(d)中,加载后期纤维的损伤信号数量超过了树脂基体;从图 6 - 13(a)中可以看到,最后断裂的瞬间出现的都是大幅值信号,显然是由纤维断裂所产生的。

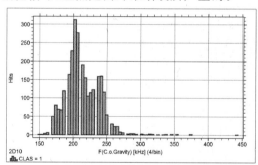

(a) 第一类(树脂开裂)声发射信号

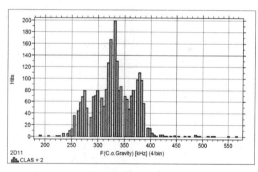

(b) 第二类(纤维断裂)声发射信号

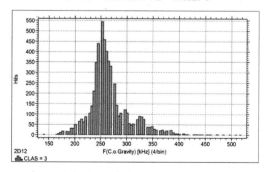

(c) 第三类(界面开裂)声发射信号

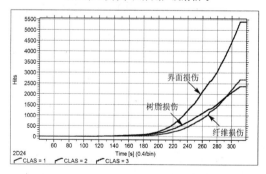

(d) 三类信号的累计撞击数-时间历经图

图 6 - 14　浸胶碳纤维束拉伸过程中,三类声发射信号中心频率分布及数量统计

　　图 6-15 所示为试样断裂后的 SEM 照片。从图中可以看到已经断裂的纤维间散落着大量的树脂碎块,说明浸胶碳纤维束试样在拉伸试验过程中存在大量的界面开裂、脱粘等损伤。从图 6-15(b)可以看到,很多或大或小的纤维群通过树脂连接在一起,直到断裂都没有散开,这正是浸胶纤维的力学性能比纯纤维束要高的原因。

(a) 总体照片

(b) 局部放大照片

图 6-15　浸胶碳纤维束拉伸断口 SEM 照片

6.4.4　[90]单向板拉伸损伤过程及声发射特性

　　为了提高多方向承受载荷的能力,复合材料构件一般设计成多层结构,各层纤维方向之间互成一定角度的夹角。这样,部分纤维层必将承受非纤维方向的载荷。因此,研究复合材料沿非纤维方向的拉伸断裂过程也有很重要的意义。下面探讨复合材料单向板受到垂直于纤维方向载荷作用时的损伤断裂声发射特性。

1. 试验方案

试验材料：T700/环氧树脂复合材料[90]板

试样数量：6 根

试样编号：[90]板 1♯～[90]板 6♯

声发射仪通道门槛值：38.6 dB

声发射采样频率：10 MHz

每个波形采样点数：2 048

试验中拉伸机采用位移控制加载方式，加载速率设为 2 mm/min。两个声发射传感器以凡士林为耦合剂对称安装在试样上，相距 80 mm，并用松紧带固定。

2. 损伤过程及声发射特性

图 6-16 所示为[90]单向板（试样编号：[90]板 3♯）拉伸过程中的典型声发射检测结果。由图 6-16(a)可以看出，载荷-时间曲线较为平滑，无明显的阶段特征，从宏观上难以判断损伤的分段情况。试样的断裂具有较强的"突然性"，表现为载荷-时间曲线的瞬间卸载。经统计，6 个试样的平均强度为 32.70 MPa，比环氧树脂的强度低很多。

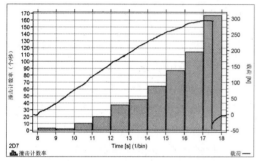

(a) 撞击计数率-时间-载荷历经图

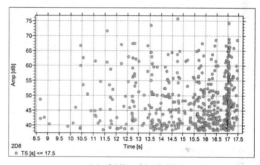

(b) 幅值-时间关联图

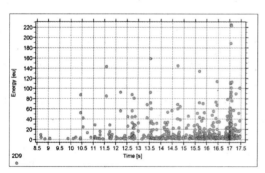

(c) 能量-时间关联图

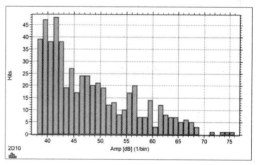

(d) 幅值分布图

图 6-16　[90]单向板拉伸损伤过程中的典型声发射检测结果

由图 6-16(b)、(c)、(d)可以看出，[90]单向板拉伸过程的声发射特性与环氧树脂材料相似，说明拉伸断裂过程中含有很多树脂基体损伤信号。同时，从图 6-16(a)可以看出，声发射信号数量在试样即将断裂时迅速增多，结合图 6-17 所示的声发射定位图可以看到声发射信号主要集中产生在 1♯传感器（图中横坐标 0 位置）附近，试验结果也证实试样从 1♯传感器附近发生断裂。以上分析说明，在加载过程的大部分时间里损伤是均匀增加的，最后某局部损伤达到临界值而迅速发展并造成断裂。

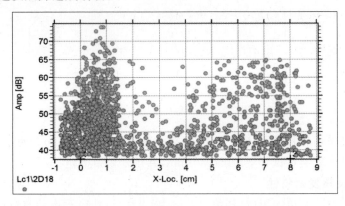

图 6-17　[90]单向板拉伸损伤声发射定位图

　　采用聚类分析方法(具体方法参见 6.6 节)对拉伸过程中的信号进行分类,结果如图 6-18 所示。从信号的中心频率分布来看,作为分类结果的三类信号特征明显,分类的效果较好。分类器分出的第一类信号的中心频率比较均匀地分布在 140~320 kHz 之间(见图 6-18(b)),根据[90]单向板拉伸损伤试验过程的具体情况判断应为纤维损伤信号,这与 6.4.2 小节的碳纤维损伤试验结果相符。从图 6-18(d)可以看出,分类器分出的树脂损伤信号中心频率主要分布在 250 kHz 以下,与 6.4.3 小节树脂损伤试验结果相近。分类得出的界面信号中心频率分布(见图 6-18(f))亦与 6.4.3 小节的试验结果相符。从幅值-时间关联图上看,纤维损伤的声发射信号非常少,而且主要集中发生在靠近最后断裂的时刻。树脂与界面损伤信号均随着加载过程缓慢增加。在加载过程中,界面损伤信号一直比树脂损伤信号多。这说明[90]单向板在拉伸过程中碳纤维的损伤非常少,主要是界面和基体的损伤。这与直观的力学分析相符,即在垂直于纤维的方向上,纤维仅仅起到基体与基体之间应力的传递作用。在[90]单向板拉伸过程中,界面信号多于基体信号,这说明界面损伤是[90]单向板拉伸损伤过程的主要损伤形式。这也可以从拉伸强度上得到证明,即环氧树脂拉伸强度远高于[90]板拉伸强度,这是由于后者的界面承担横向载荷的能力弱。另外,从图 6-18(a)可以看出,最后断裂时刻产生了很多的碳纤维损伤信号,但是信号的幅度很低,均在 70 dB 以下。其原因可以通过分析图 6-19 的断口形貌得出。从断口可以看出,最后断裂时基本没有纤维的纵向断裂,只有少量的纤维拔出和纤维撕裂。

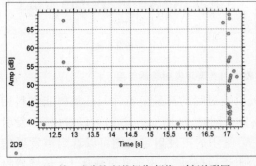

(a)　第一类信号(纤维损伤)幅值-时间关联图

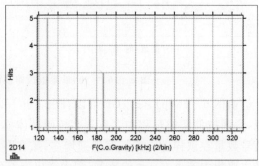

(b)　第一类信号(纤维损伤)中心频率分布图

图 6-18　[90]单向板三类声发射信号幅值及中心频率分布

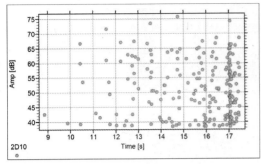

(c) 第二类信号(树脂开裂)幅值-时间关联图

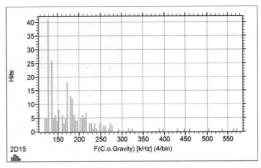

(d) 第二类信号(树脂开裂)中心频率分布图

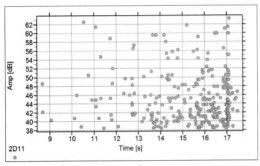

(e) 第三类信号(界面损伤)幅值-时间关联图

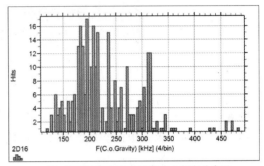

(f) 第三类信号(界面损伤)中心频率分布图

图 6-18　[90]单向板三类声发射信号幅值及中心频率分布(续)

综合上述分析可知,在材料加工过程中,由于浸润不够彻底,界面附近必然存在有很多的孔隙、微裂纹等原始缺陷;在拉伸的过程中,这些初始损伤就不断发展,最终某一处的损伤达到临界值时便迅速导致材料断裂。因此,从一定意义上说,[90]板拉伸过程就是纤维-基体界面在垂直于纤维方向受力损伤的过程。

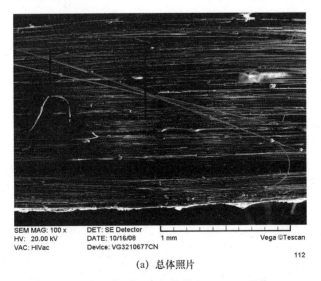

(a) 总体照片

图 6-19　[90]单向板拉伸断口 SEM 照片

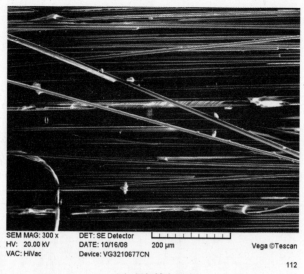

SEM MAG: 300 x　　DET: SE Detector
HV: 20.00 kV　　　DATE: 10/16/08　　　200 μm
VAC: HiVac　　　　Device: VG3210677CN　　　　　　Vega ©Tescan

112

(b) 局部放大照片

图 6 - 19　[90]单向板拉伸断口 SEM 照片(续)

6.4.5　[45]单向板拉伸损伤过程及声发射特性

除了 0°和 90°方向外,复合材料在实际结构中还常常承受偏轴载荷。为了研究纤维增强复合材料承受偏轴载荷情况下的损伤断裂过程,下面以复合材料[45]单向板作为研究对象,探讨其拉伸损伤过程及声发射特性。

1. 试验方案

试验材料:T700/环氧树脂复合材料[45]板

试样数量:6 根

试样编号:[45]板 1♯~[45]板 6♯

声发射仪通道门槛值:38.6 dB

声发射采样频率:10 MHz

每个波形采样点数:2 048

试验中拉伸机采用位移控制加载方式,加载速率设为 2 mm/min。两个声发射传感器以凡士林为耦合剂对称安装在试样上,相距 45 mm,并用松紧带固定。

2. 损伤过程及声发射特性

图 6 - 20 所示为[45]单向板(试样编号:[45]板 4♯)拉伸过程典型的声发射检测结果。从图 6 - 20(a)可以看出,载荷-时间曲线较为平滑,无明显的阶段特征,从宏观上难以判断损伤的分段情况。最后,试样突然断裂,表现为载荷-时间曲线的瞬间卸载。据统计,6 个试样的平均强度为 44.02 MPa,比[90]单向板的强度有较大提高。经力学分析可知,纵向拉伸时铺设方向为 45°的纤维参与了部分载荷的承担与传递,故强度有所提高。

从图 6 - 20(a)、(c)可以看出,除了最后断裂阶段外,幅值和能量的大小分布并不随着拉伸过程有所改变,整个过程都比较均匀,这与树脂基体试样拉伸过程类似。但是,[45]单向板拉伸过程比树脂拉伸过程产生的声发射信号丰富得多。此外,从图 6 - 20(a)可以看出,声发射信号计数率(单位时间内声发射撞击的数量)并不是一成不变的,而是随着加载过程的进行逐

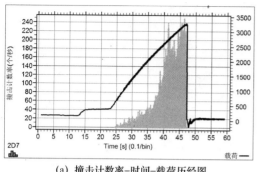

(a) 撞击计数率–时间–载荷历经图

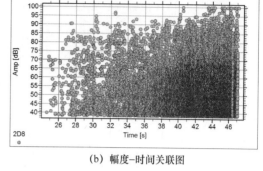

(b) 幅度–时间关联图

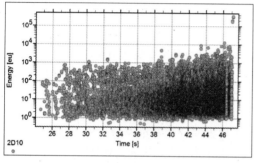

(c) 能量–时间关联图

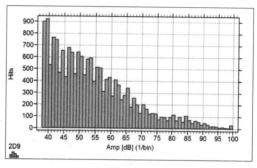

(d) 幅值分布图

图 6 - 20　[45]单向板拉伸损伤过程中的声发射检测结果

渐增大。因此,[45]单向板在拉伸过程中主要是树脂基体的损伤,而且微损伤的数量随着拉伸量的增大而迅速增大。

由图 6 - 21 所示的拉伸损伤过程声发射定位图可以看出,该试样拉伸过程声发射信号集中发生在距离 1♯传感器 3 cm 左右的位置,而试验结束时试样也正好从该处断裂,说明损伤在发展过程中有集中的趋势,这一点与树脂材料拉伸损伤不同。

图 6 - 22 所示为分类后的三类信号累计撞击数-时间曲线图。从该图可以看出,与[90]单向板相比,碳纤维损伤信号明显增多,说明损伤过程中有较多的碳纤维损伤。在三类信号中,树脂损伤信号数量最多,说明基体损伤是[45]单向板拉伸过程中的主要损伤形式。

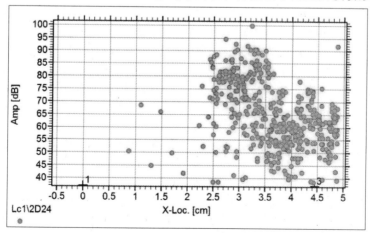

图 6 - 21　[45]单向板拉伸损伤过程声发射定位图

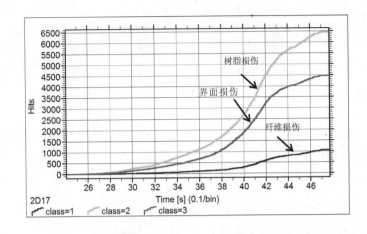

图6-22　[45]单向板拉伸损伤过程中三类声发射信号累计撞击数-时间曲线图

图6-23所示为[45]单向板拉伸断口的电镜照片,可以看出位于断口的大部分纤维排列仍然比较整齐。通过高倍放大后发现许多纤维外层的裹胶呈现锯齿状,这是由于偏轴拉伸过程中,界面及其附近树脂在剪切应力作用下脱离和碎裂造成的。此外,由该图可以看出,在[45]单向板拉伸断口中有很多纤维发生了断裂,同时断裂过程中有相当部分的纤维断裂信号(见图6-22),说明纤维分担了部分纵向载荷,这与[90]单向板拉伸断裂的情况形成鲜明对比。

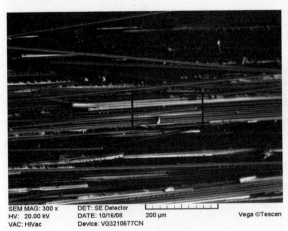

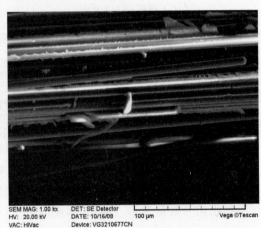

(a) 总体照片　　　　　　　　　　　　　　　　　(b) 局部放大照片

图6-23　[45]单向板试样拉伸断口SEM照片

综合上述分析可知,在[45]单向板拉伸损伤过程中,纤维承担了部分承载,从而导致试样的整体强度有所增加。同时,由于偏轴拉伸,界面及其附近的树脂基体因剪切力而大量碎裂,因而拉伸过程的主要损伤形式是树脂基体的损伤,而且越到加载的后期,这种碎裂现象越严重。

6.5　碳/环氧复合材料[0]单向板拉伸损伤过程分析

纤维增强型复合材料的力学性能具有很强的方向性,在纤维方向上其强度最高;随着载荷方向与纤维方向夹角的增大,其强度会迅速降低。因此,在设计复合材料结构件时,往往把主要的承力方向设计为材料的0°方向。也正因为如此,复合材料在0°方向上的拉伸损伤过程就成为人们最为关心的问题之一。

本节采用声发射法和电阻法同时监测碳/环氧复合材料[0]单向板的损伤过程,从声发射信号特性和电阻值变化两个方面分析碳/环氧复合材料[0]板拉伸损伤特点。

6.5.1　[0]单向板拉伸损伤过程及声发射特性

1. 试验方案

试验材料:T700/环氧树脂复合材料[0]单向板

试样数量:6 根

试样编号:[0]板 1♯~[0]板 6♯

声发射仪通道门槛值:38.6 dB

声发射采样频率:10 MHz

每个波形采样点数:2 048

试验中拉伸机采用位移控制加载方式,加载速率设为 2 mm/min。两个声发射传感器以凡士林为耦合剂对称安装在试样两端,相距 80 mm,并用松紧带固定。

2. 试验结果及声发射特性分析

图 6-24 所示为 6 个试样拉伸损伤过程载荷、时间及声发射撞击计数率关系图。试验结果表明,试样的载荷-时间曲线和声发射特性具有很好的重复性。

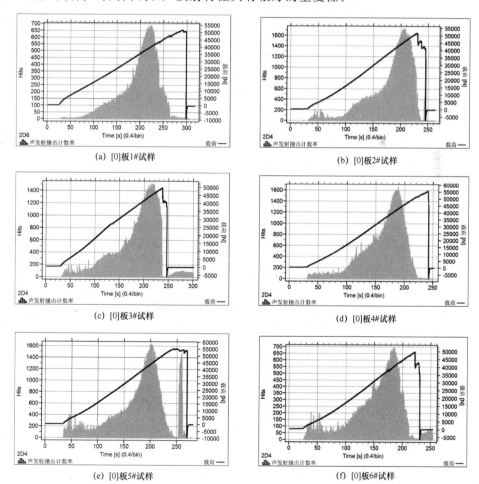

(a) [0]板1#试样　　　　　　　(b) [0]板2#试样

(c) [0]板3#试样　　　　　　　(d) [0]板4#试样

(e) [0]板5#试样　　　　　　　(f) [0]板6#试样

图 6-24　[0]板试样拉伸过程撞击计数率-时间-载荷图

从载荷-时间曲线看,在加载的大部分时间内,曲线基本呈线性上升。但是在加载的末期,载荷-时间曲线出现较小的抖动或者斜率减小,且这些变化具有一定的随机性。表6-6所列为各试样最终断裂强度的统计情况。可以看出[0]单向板的拉伸强度离散度仍然比较大(6.61%),但是相对于浸胶碳纤维(9.89%)与碳纤维束(12.99%),其离散程度已大大减小。

表6-6　[0]单向板各试样拉伸最终断裂强度统计

试样编号	[0]板1#	[0]板2#	[0]板3#	[0]板4#	[0]板5#	[0]板6#	平均值	离散系数
断裂强度/GPa	2.49	2.43	2.42	2.24	2.08	2.43	2.35	6.61%

下面以[0]板1#试样为例,讨论碳/环氧复合材料承受纤维方向载荷条件下拉伸损伤过程的声发射特性。该试样在试验过程中有如下现象:一是在受载过程中不断地有轻微而脆性的声响;二是当载荷达到40 kN时,开始在试样的两侧面散裂出一些纤维,载荷继续上升,散裂出的纤维也越来越多;最后在50 kN时,整个试样突然蓬松而散开,试样彻底失效。其他[0]板试样的试验过程也有类似现象。

图6-25所示为[0]板1#试样拉伸损伤过程声发射检测结果。可以看出,损伤过程中声发射表征参数表现出很强的阶段性和规律性。从声发射撞击计数率来看(见图6-25(a)),加载初期上升很缓慢,之后声发射撞击计数率迅速增大,并在某一时刻达到峰值,此后开始迅速减小,在试样最终断裂之前的一段时间声发射撞击计数率保持很小的值。从声发射信号的幅值来看(见图6-25(b)),随着载荷的增大,声发射信号的最大幅值也大致呈线性增大。从声发射信号累计撞击数来看(见图6-25(c)),声发射信号总数大体呈指数规律增长。从所有声发射信号幅值的统计分布来看(见图6-25(d)),其分布类似于浸胶纤维束的情形。

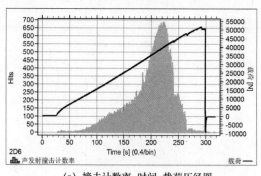

(a) 撞击计数率-时间-载荷历经图

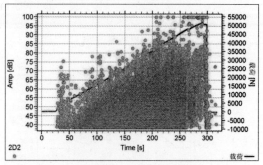

(b) 幅值-时间-载荷关联图

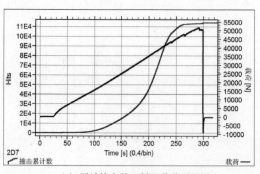

(c) 累计撞击数-时间-载荷历经图

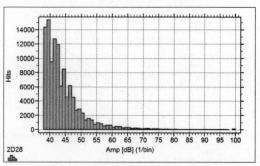

(d) 撞击数-幅值分布图

图6-25　[0]板1#试样拉伸过程声发射检测结果

根据上述试验结果,[0]板拉伸损伤过程可以分为以下 5 个阶段。

第一阶段为 0～70 s,对应载荷为 0～11 500 N。由图 6-25(a)可以看出,此阶段声发射事件数很少(少于 200 个,仅占声发射撞击总数的 0.2％左右)。但是,从图 6-25(b)可以看出,此时的声发射信号幅值却较高。对 0～70 s 之间的声发射信号进行定位,发现此时的信号主要集中在试样的两端(见图 6-26)。经分析,这些信号是试样两端的加强片对试样的加紧及摩擦所引起的。因此,此阶段试样还没有开始损伤。

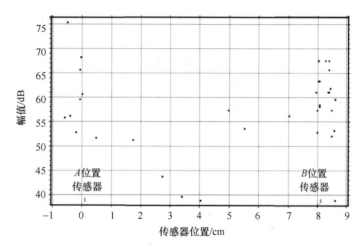

图 6-26　[0]板 1♯试样拉伸损伤第一阶段(0～70 s)声发射事件定位图

第二阶段为 70～150 s,对应载荷为 11 500～25 000 N。此阶段声发射撞击数开始随载荷缓慢增加,幅值也随载荷呈递增趋势,但总体幅值均在 55 dB 附近。这表明随载荷的增大,复合材料中的弱相——基体和界面中的缺陷处开始萌生裂纹,并随载荷的增加而发生裂纹扩展。

对该阶段声发射信号进行定位分析(见图 6-27)发现,损伤在整个试样中均匀分布,没有向某处集中。这表明由于增强体——纤维的阻拦作用,初始裂纹在一定的应力范围内不能任意扩展,因此损伤以在材料其他区域不断产生新裂纹的形式发展。这与金属等均质材料的拉伸损伤有着明显不同。大部分金属的拉伸损伤主要发生在某一局部范围之内,由缺陷产生的

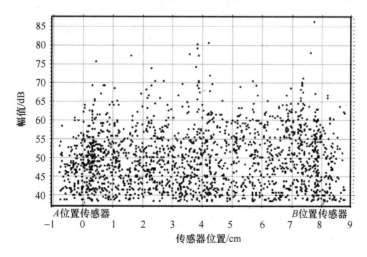

图 6-27　[0]板 1♯试样拉伸损伤第二阶段(70～150 s)声发射事件定位图

应力集中导致微裂纹,并逐渐集中形成一条主裂纹,最终由主裂纹处发生断裂。从这个对比可以发现,纤维增强复合材料有良好的容伤性能,即由于纤维、基体复合效应的作用,使得复合材料构件在承载过程中对缺陷并不敏感,不会产生大规模的应力集中。因此,在一定损伤程度范围之内,复合材料整体结构的力学性能不会受到较大影响。

第三阶段为 150～260 s,对应载荷为 25 000～47 000 N。此阶段出现试样整个损伤过程中声发射撞击计数率的一个"主峰"——声发射信号出现的频度迅速增大,在各个阶段中该阶段所经历的时间段最长。各个试样在试验过程中均有此现象,表现出非常好的规律性和重复性。

在此阶段,声发射撞击计数率-时间曲线和声发射累计数-时间曲线均出现明显拐点,进入加速增大阶段。这表明随载荷的增加,损伤的萌生、扩展开始加速进行。另外,此阶段声发射信号的幅值、能量均较第二阶段有明显的增加,说明损伤的性质逐渐趋于严重。与第二阶段相同,声发射信号定位的结果表明损伤依然是在试样的整个受力区域发生。

图 6-25(a)可以看出,从 180 s,32 000 N 开始出现少量幅值在 90 dB 以上且能量很高(10^3～10^5 eV)的声发射信号,表明出现了碳纤维的损伤和断裂。

第四阶段为 260～298 s,对应载荷为 47 000～52 000 N。此时声发射信号明显变得稀少,撞击累计数-时间曲线出现明显拐点,增长的速度变慢很多。从图 6-25(a)上看,撞击计数率又回落为很小值。从表面看来,声发射似乎进入了一个平静的时期。但是从图 6-25(b)可以看出,此阶段声发射幅值和能量明显增大。另外,此时声发射信号的振铃计数和持续时间也均有显著的增加。观察此阶段的载荷-时间曲线,可以发现试样开始出现随机卸载现象。这说明试样作为一个系统已经出现不稳定的迹象,卸载的产生是由于材料的损伤引起的应力重新分配。综合分析声发射的特征可知,在此阶段,微损伤在数量上比前一阶段大大减少,但是仍然有一定量的微损伤继续发生,而且这些损伤往往很严重,比如碳纤维断裂。

通过多次试验发现每个试样均具有这样一个声发射的平静期,这预示着可以利用该特性来预测碳/环氧复合材料的最终断裂。

第五阶段为 298～300 s,试样最终断裂。与第四阶段相比,断裂之前的声发射信号没有明显征兆。载荷短时间内降至 0 N,表现出脆性断裂的性质。

运用聚类分析方法对[0]板 1♯试样拉伸损伤全过程的声发射信号进行模式识别(具体方法参见 6.6 节),图 6-28 所示为识别结果中各类信号撞击计数率随时间的分布图。从该图可以看

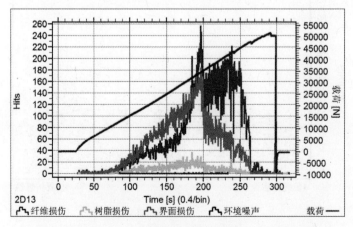

图 6-28　[0]单向板试样拉伸过程中各类声发射信号分布

出各类损伤在拉伸过程中的动态变化规律。随着载荷的增加,三类损伤信号的撞击计数率均呈现出由小变大再变小的规律。但是具体来说它们之间又有差别。其中树脂损伤在整个过程中较为平缓,峰值现象最不明显。对于界面损伤来说,峰值发生在 190 s 左右,在此之前该类信号在各类损伤信号中的占比一直为最大。对于碳纤维损伤信号,峰值滞后于界面损伤,发生在 240 s 左右。各类损伤信号在断裂之前的声发射平静期内,数量均很小,但主要以碳纤维损伤信号为主。

　　各试样最终的拉伸断口的三种形式如图 6 - 29 所示。大部分试样最终以扫帚蓬松状的形式断裂,而只有 5♯ 试样以剪切的形式劈裂和 4♯ 试样以齐口的形式断裂。经计算,发现后两种断口的试样最终断裂强度都较低(5♯ 试样为 2.08 GPa,4♯ 试样为 2.24 GPa,扫帚蓬松状试样断裂的平均值为 2.44 GPa)。因此可以断定,剪切劈裂和齐口断裂这两种断裂形式,是在试样损伤还不够完全的情况下发生的。由图 6 - 24(d)、(e)可以看出,在撞击计数率主峰到来之前,这两种试样与其他试样几乎没有区别。但是过了声发射撞击计数率主峰之后,这两种试样的撞击计数率减小的速度不是很快,或者说,过了声发射撞击计数率主峰之后,这两种试样还有较多的声发射信号产生,而其他试样却迅速地进入了一个声发射平静期。这也说明了后两种试样到最终断裂时某些损伤进行得还不够彻底。

(a) 剪切劈裂

(b) 齐口断裂

图 6 - 29　[0]单向板试样拉伸断口的三种形式

(c) 扫帚蓬松状断裂

图 6 - 29　[0]单向板试样拉伸断口的三种形式(续)

3. 断口 SEM 形貌分析

图 6 - 30 所示为碳/环氧复合材料[0]单向板试样拉伸断口的 SEM 形貌照片。

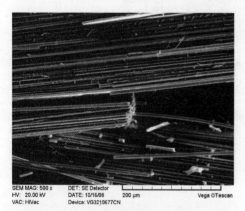

(a) 扫帚状断口1

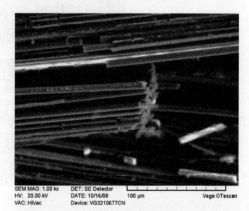

(b) 扫帚状断口2

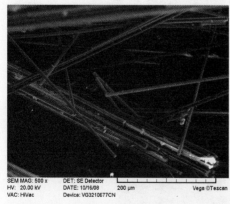

(c) 扫帚状断口3

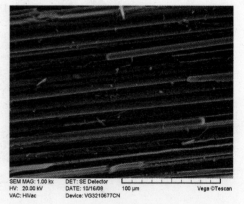

(d) 扫帚状断口4

图 6 - 30　[0]单向板试样拉伸断口 SEM 照片

(e) 扫帚状断口5

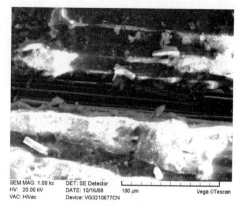

(f) 剪切劈裂断口

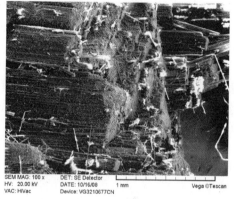

(g) 齐口断口1

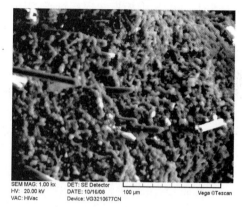

(h) 齐口断口2

图 6 - 30　[0]单向板试样拉伸断口 SEM 照片(续)

　　比较图 6 - 29(c)和图 6 - 30(a)、(b)、(c)可以发现,[0]单向板的最终断裂是以几十根或上百根纤维集群断裂的方式进行的,这些纤维所组成的小纤维束最后的断口都是非常整齐而规则的。在最终断裂的瞬间之前,纤维束与纤维束之间已经相互剥离,不再粘连。在这些小纤维束的非断口表面(如图 6 - 30(d)所示),黏附着很多已经断裂的零散纤维(当然,小纤维束内部也可能有类似的情形)。由拉伸过程中的声发射特性可知,这些零散纤维的断裂发生在加载的过程中,而不是试样的最终断裂阶段。

　　观察图 6 - 30(a)、(c)可以发现,有的纤维在其长度方向出现了几个断口。根据 Rosen 提出的纤维无效长度理论,在复合材料中,由于基体的存在,某根纤维在最弱点断裂后并非整根报废,而是在离开断口一段很短的距离后,这根纤维又基本上恢复到完整纤维的承载水平。单根纤维上有几处断口这一现象,证明了 Rosen 理论的合理性。某根纤维断裂之后,在远离断口处,仍然继续承载着外力,因而当载荷继续增大时,还有可能发生断裂。

　　观察图 6 - 30(d),可以发现纤维表面有很多树脂撕裂或碎裂的现象,说明树脂开裂或界面损伤在拉伸过程中是普遍存在的。

　　图 6 - 30(e)所示为散裂出来的一根纤维的照片,从图中可以看到纤维上出现了多处开裂,这说明由于制备工艺的原因,碳纤维在长度方向上存在很多的缺陷,也可称之为弱环,断裂处只是这些弱环中的最弱者而已。这也可以解释如下事实:对单根纤维而言,长度越大,拉伸强度越小。

　　图 6 - 30(f)所示为剪切劈裂试样断口电镜照片。可以看到,劈裂部位的纤维之间已经完

全剥离,裂缝两侧存在很多碎裂的树脂基体。但是远离裂缝的地方,其表面仍然覆盖着大块完好的树脂,无明显的损伤迹象。结合上述声发射特征可知,该试样的损伤进行得并不完全,这导致复合材料承载能力下降。顺便指出,剪切劈裂通常是由于界面结合力太弱而造成的。

图 6-30(g)、(h)所示为齐断口试样的电镜照片。可以看出,这种试样断裂形式是大规模的纤维集群同时断裂造成的。相对于扫帚状断裂的小纤维束齐断来说,图 6-30(g)中的纤维束规模大得多。图 6-30(h)所示为整束纤维断口的高倍电镜照片,从中可以看出界面几乎都是完好的,纤维之间的树脂也几乎没有损伤。从声发射特性来看,出现这类断口的试样的损伤发展得不完全,上述电镜观察结果进一步证实了该结论。造成界面、基体损伤不完全的原因是界面结合力太强,以至于将复合材料粘合成一个整体。于是,类似于金属材料,在某处出现裂纹时,由于应力集中,裂纹会迅速扩展进而造成试样整体断裂。由此看来,界面结合力太强或太弱都不利于提高复合材料的承载能力。

6.5.2 [0]单向板拉伸损伤过程的电阻变化特性

碳/环氧复合材料中的增强相——碳纤维,属于导电材料。碳纤维在绝缘的树脂基体中按照一定规则进行排列,当纤维体积分数达到一定值时,碳/环氧复合材料就形成了一个导电的网络。因此,碳/环氧复合材料在损伤破坏的过程中必然会引起其导电性能的变化。近年来,通过测量导电复合材料电阻值变化来监测其健康状况的方法得到了越来越多的研究和应用。这里在6.5.1小节对碳/环氧复合材料拉伸损伤声发射特性分析的基础上,采用电阻法对该材料损伤过程进行监测,以便能对声发射监测法有所补充或验证,从而更深入地认识复合材料损伤机理。

1. 试验方案

在[0]板1#试样拉伸损伤声发射检测试验的同时,测量其电阻值的变化过程。试验前,[0]板1#试样的两端用砂纸打磨,然后将端面在丙酮溶液中浸泡 15 min,以去除表面的油污、灰尘等。用金相显微镜观察端面,必须能看到大部分纤维显露出来,这样才能保证良好导电。然后,用导电胶将铜箔粘贴于试样的两端。通过铜箔引出两根导线,连接到电阻测量仪器——安捷伦公司的 Agilent-34401A 上。该万用表可以通过电脑对其测量电阻的过程进行自动控制。在整个测量过程中,既要保证电阻测量回路的畅通,又要避免测量回路与拉伸机系统形成导电接触。

2. 试验结果及分析

图 6-31 所示为 [0]板1#试样拉伸损伤过程的声发射特性与电阻变化特性图。从图中可以看到,电阻的变化也有明显的阶段特征。

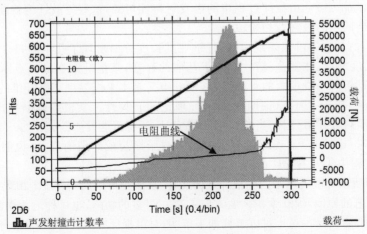

图 6-31　[0]单向板拉伸损伤声发射特性与电阻变化特性

第一阶段为 0～260 s。此阶段电阻值随着载荷的增加而缓慢地、较为平滑地上升。电阻值在该阶段变化较小且线性特征明显,这可以用电阻公式 $R=\rho\dfrac{L}{S}$ 来解释。承受载荷以后,碳纤维由于其弹性特征,不可避免地要发生长度伸长、截面积缩小。因此,根据电阻公式可知,电阻值必然上升。但是该阶段电阻值变化不是很大,说明电阻值对碳纤维的外形尺寸变化敏感度不高。另外,电阻值曲线很平滑、没有大的波动,说明此阶段的损伤机制较为单一,不存在随机的、能引起电阻剧烈变化的损伤。根据前面声发射特性的分析,该段时间内的损伤形式主要是树脂基体开裂、界面开裂与脱粘以及少量的纤维损伤与断裂。由材料的理化性质可知,树脂损伤和界面的损伤不会引起电阻值的变化。但是这个过程中碳纤维的损伤并没有引起电阻值线性增加,理由如下:如果电阻的增加是纤维断裂造成的,那么电阻曲线就不会如此平滑,而应该是随机地、台阶式地上升。这一点也可从前面介绍的断口电镜照片得到解释,即在拉伸损伤到达小纤维束集群断裂之前,已经发生很多单根纤维随机断裂的现象,但相比于纤维束的断裂规模要小得多,不足以在电阻曲线上反映出来,当然载荷-时间曲线就更加不能反映出来。从这里可以看到,对复合材料内部损伤的探测来说,声发射比电阻法灵敏得多。

第二阶段为 260～298 s。这段时间就是前面所提到的声发射平静期。从电阻曲线上看,电阻值开始迅速增加,增加的过程呈阶梯状,且波动很大。从前面的声发射特性分析中可知,该阶段声发射信号很少,且主要为碳纤维损伤信号,树脂及界面损伤信号很少。所以从这里可以推出,该阶段的碳纤维断裂是成束的、较大规模的集群断裂。至于电阻值会有细小的波谷出现,这仍然可以从断口电镜照片得到解释。从图 6-30(a)～(d)中可以看到,当这些小纤维束同时断裂时,往往会有一些纤维崩离纤维束,而这些崩离的纤维碎段将会不规则地散落在尚未损伤的纤维或纤维束之间,造成这些纤维之间相互搭接而导通,因而引起电阻下降。

第三阶段为 298～300 s。在该阶段,试样发生失稳性断裂,造成电阻值从 5 Ω 附近瞬间上升到无穷大。

从整个电阻值变化曲线来看,其阶段性非常明显。尽管电阻法没有声发射法灵敏,特别是不能反映加载初期试样内部损伤发展的细节,但是在加载的末期,它仍然能对声发射法起到很大的补充和验证作用。

6.6 碳/环氧复合材料拉伸损伤模式识别

在基于声发射表征参数的模式识别方法(见 4.2 节)中,通过提取裂纹损伤声发射信号的能量、振铃计数、幅值等参数作为特征参数,然后采用改进的 K-近邻法对金属材料裂纹损伤声发射信号进行模式识别。该方法运算较为简单,便于声发射检测现场的应用。但是,声发射信号在本质上是材料中微弱的振动信号,采用这些简单的特征参数显然不能全面描述声发射信号,因此基于声发射表征参数识别方法具有"先天"的不足。

与表征参数相比,声发射信号波形含有声发射事件的全部信息,能够更全面、更真实地反映声发射信号,所以基于波形分析的模式识别方法必然能够更准确地对声发射信号进行模式识别。

本节介绍基于波形分析的声发射信号模式识别方法。先对声发射信号进行标准化处理,根据短时傅里叶变换的思想,提取信号在各个时段的频率信息以及能量值作为特征变量,然后采用 Fisher 线性分类器对特征空间进行降维和分类,进而实现基于波形分析的声发射信号模式识别。

6.6.1 基于波形分析的模式识别方法

采用特征参数来表征声发射信号,属于声发射技术中的传统方法,是人们多年来研究声发射技术的经验总结,它对于简单的分析也颇为有效。但是,如果同时从时域和频域来分析这些信号,则可以发现不同模式的声发射信号有较大区别。因此,如果用于模式识别的特征参数能够更加全面地描述声发射信号,则模式识别的精度必将提高。这里采用短时傅里叶变换技术,提取信号的时间和频率信息,应用 Fisher 线性分类器对声发射信号进行模式识别,以提高识别的精度。

1. 声发射信号短时傅里叶变换

短时傅里叶变换(Short-Time Fourier Transform,STFT)是与傅里叶变换相关的一种数学转换关系,用以确定时变信号局部时间段内信号成分的频率与相位。其数学表达为

$$\text{STFT}_x(t,\Omega) = \int x(\tau)\,w(\tau-t)\,\text{e}^{-\text{j}\Omega\tau}\,\text{d}\tau \tag{6-5}$$

式中:$w(\tau)$ 是窗函数,可以是海明窗函数、高斯函数等,而 $x(t)$ 是待变换的信号。$\text{STFT}_x(t,\Omega)$ 在本质上可以看作是用窗函数 $w(\tau)$ 对原信号进行截取,然后对截取的信号进行傅里叶变换。

复合材料声发射信号具有明显的非平稳特征,为了提取声发射信号不同时段的频率特性,下面依据短时傅里叶变换的思想,通过多次试验,最终确定对采集到的声发射波形信号用窗函数提取 5 个小段,在确保较好的时间与频率分辨率的前提下,简化计算,以便于后续的模式识别。

在窗函数的选择上,为了尽可能不改变原信号的频率信息,这里采用海明窗来截取信号。同时,为了克服海明窗函数存在的不足(该函数会抑制原信号在窗口两端的频率成分),以便在模式识别中尽可能不损失这些频率信息,在分割原信号时采用交叉分段法,即第二个窗口的起点是第一个窗口中点,第三个窗口的起点是第二个窗口的中点,并以此类推。

为了便于比较不同信号间各个频率成分含量的多少,在用海明窗提取信号之前先进行标准化,即用信号的每个数据点除以该信号的总体能量。同时,为了弥补标准化后幅值信息的丢失,将信号的能量作为一个特征向量应用到模式识别中。

声发射仪采集到的声发射信号为 2 048 个数据点,按上述交叉分段法的具体分段方法为:从触发点(即零时刻)之前的第 128 点开始,每段提取 256 个点。声发射信号衰减速度较快,这样的提取既确保包含声发射波的主要信息,又能简化计算,而且经验证其识别效果也较好。图 6-32 所示为一个声发射信号波形(已经标准化)及该信号通过海明窗截取出的 5 个小段。

用海明窗提取出五个窗口的信号后,对其进行傅里叶变换(FFT),以得到这些信号的频谱数据。由于采样频率为 10 MHz,而每个窗口提取的数据为 256 点,因此经过 FFT 变换后,频谱中两点间的频率间隔为 39.06 kHz。根据经验,声发射信号频率大多位于 80~550 kHz 之间,每个窗口的信号经过 FFT 变换后位于该频段附近的点数有 16 个,这里选取这些点作为特征参数。这样,从 5 个窗口的频谱信号中,每个窗口取 16 个点,再加上前面提到的用于信号标准化的能量参数,总共选取的特征参数为 81 个。于是,一个声发射信号就可以表示为 81 维空间中的一个点。下面介绍采用 Fisher 线性变换的方法进行降维。

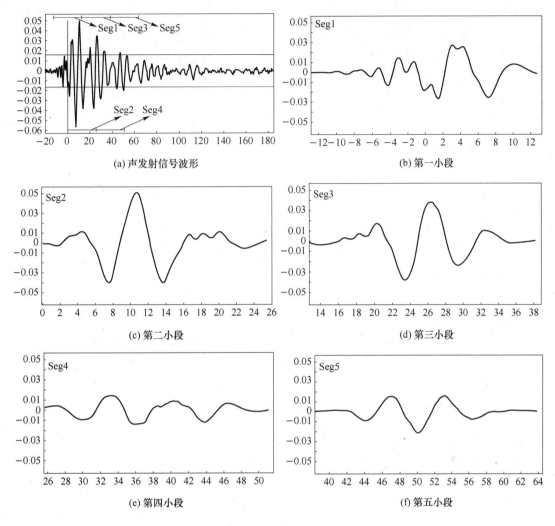

图 6 - 32　声发射信号波形及其通过海明窗提取出的 5 个小段

2. Fisher 分类器

在应用统计分类法解决模式识别问题时,经常遇到的问题之一就是所谓的"Bellman 维数灾难"问题,即在低维空间上可行的方法,在高维空间中将失去作用。因此,降低维数是处理这类问题的关键。由此发展了许多压缩特征空间维数的方法,例如,可以考虑把 n 维空间的点投影到一条直线上,形成一维空间,即把维数压缩到一维上。然而,当把多维空间中分散的容易区分的点集投影到一条直线上时,将有可能使它们聚集、重叠在一起使分类变得困难。Fisher分类器的主要思想就是,通过调整一维直线的方位,寻找出一个最好的方位,使得投影到此一维直线上的样本集合之间达到最佳的分离。

假设有一点集包含两大类样本子集,共有 n 个 K 维特征的样本 $X = \{x_1, x_2, \cdots, x_n\}$。其中有 n_1 个样本属于类别 u_1,其子集为 H_1;有 n_2 个样本属于类别 u_2,其子集为 H_2。则集合 $X = u_1 + u_2$。若对集合 X 分类做线性组合,可得线性判别函数: $Y = w^T X + w_0$,式中 w 称为权向量,w_0 为常量,称为阈值权。这样便得到由 n 个一维样本 y_n 组成的集合 Y,并可分为两个子集。从几何上看,如果 $\| w \| = 1$,则每个标量 y_n 就是相对应的 x_n 到方向为 w 的直线上的投

影。重要的是找出最合适的 w 方向，使得 X 在这个方向上投影后，在一维空间 Y 集合里各类样本类内尽可能聚集得紧密些、类间尽可能分得离散些，这也是解决分类问题的关键。

如果 $\overline{X_i}$ 是 H_i 样本的均值：

$$\overline{X_i} = \frac{1}{n_i} \sum_{x \in H_i} x, \qquad i = 1,2 \tag{6-6}$$

则 H_i 投影集合样本的均值是

$$\overline{Y_i} = \frac{1}{n_i} \sum_{Y_i \in H_i} y = w^T \overline{X_i}, \qquad i = 1,2 \tag{6-7}$$

由此可得在一维空间两类样本类间的均值差：

$$|\overline{Y_1} - \overline{Y_2}| = w^T |\overline{X_1} - \overline{X_2}| \tag{6-8}$$

样本类间的均值差反映的是不同类样本间的离散度。

而投影后样本类内离散度 $\overline{S_i^2}$ 和总类内离散度 $\overline{S_w}$ 如下：

$$\left. \begin{array}{l} \overline{S_i^2} = \sum_{y \in H_i} (y - \overline{Y_i})^2, \qquad i = 1,2 \\ \overline{S_w} = \overline{S_1^2} + \overline{S_2^2} \end{array} \right\} \tag{6-9}$$

则在寻找投影一维方向矢量 w 的时候，希望在投影后，集合 Y 各类样本的均值差 $|\overline{Y_1} - \overline{Y_2}| = w^T |\overline{X_1} - \overline{X_2}|$ 越大越好，同时各类样本类内离散度越小越好，即总类内离散度 $\overline{S_w}$ 越小越好，这可以用如下形式的 Fisher 线性判别函数来描述。

$$J(w) = \frac{|\overline{Y_1} - \overline{Y_2}|^2}{\overline{S_1^2} + \overline{S_2^2}} \tag{6-10}$$

显然，应寻找使 $J(w)$ 尽可能大的 w 作为投影方向。一般可以通过对上式求导并使其为零得到所需的 w^*，这里采用拉格朗日乘子法求出。

此时只是解决了将 X 空间点投影到 Y 空间的工作，分类问题则需要通过确定阈值 w_0 来解决，将所有的投影点与阈值 w_0 相比较便可达到分类。阈值 w_0 最常见的一种选择方法是

$$w_0 = \frac{n_1 \overline{Y_1} + n_2 \overline{Y_2}}{n_1 + n_2} \tag{6-11}$$

对于 n 类问题，应考虑所选择的方向 w，能够使总的类间离散度最大，并且各类的类内离散度最小。修正后的 Fisher 线性判别函数为

$$J(w) = \sum \frac{|\overline{Y_i} - \overline{Y_j}|^2}{S_i^2 + S_j^2}, \qquad i \neq j; \ i,j \in \{1,2,\cdots,n\} \tag{6-12}$$

从而得到使 $J(w)$ 最大的 w，即为投影方向，并分别得到阈值 w_i：

$$w_i = \min\left(\frac{n_i \overline{Y_i} + n_j \overline{Y_j}}{n_i + n_j}\right), \qquad j \neq i; \ i,j \in \{1,2,\cdots,n\} \tag{6-13}$$

6.6.2　碳/环氧复合材料拉伸损伤声发射信号模式识别方案

碳/环氧复合材料是由碳纤维、环氧树脂以及两者之间的界面等不同组分复合而成的，其拉伸损伤过程包含诸如树脂开裂、界面脱粘及纤维断裂等不同的损伤模式。复合材料拉伸损伤声发射信号模式识别的目的就是识别并区分拉伸过程中由各种损伤模式所引发的声发射信号。

为了提取各种典型损伤模式的声发射信号作为训练样本，6.2 节设计制作了碳纤维束试

样、树脂基体试样以及浸胶纤维束试样,并进行了相应的拉伸试验(见 6.4 节),提取了碳纤维断裂、树脂开裂和界面损伤声发射信号。但是,从这些试验中提取典型损伤模式的声发射信号依然很困难。以碳纤维拉伸试验为例,拉伸过程中会含有大量的碳纤维之间的摩擦、拉伸机夹头的机械摩擦等引起的噪声。虽然可以用人工的方式凭经验挑选出碳纤维断裂的声发射信号,但是这种方式一是工作量非常大,二是人工挑选样本会引入人为误差,使样本代表性减弱。另外,浸胶纤维束拉伸过程中也包含部分纤维断裂信号及少量的环氧胶开裂信号。为了解决上述问题,使获得的学习样本尽可能真实,先采用聚类分析方法对碳纤维束拉伸、浸胶碳纤维束拉伸等试验的数据进行处理,以获取特定损伤模式的典型学习样本;之后,采用基于波形分析的模式识别方法,对碳/环氧复合材料拉伸过程各个阶段的声发射信号进行识别,具体实现方案如图 6-33 所示。

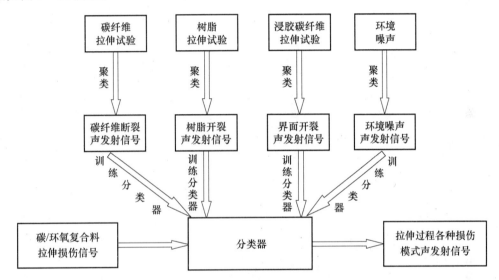

图 6-33　复合材料拉伸损伤过程声发射信号模式识方案框图

6.6.3　聚类分析算法

聚类分析(Cluster Analysis)又称群分析,就是根据"物以类聚"的原则,在没有先验知识的情况下,按某种相似性标准将被研究的对象(总体)聚集为若干个类型(或簇)。聚类得到的每个类型在描述被研究对象的特征空间里占据着一个局部区域。同一类型中的个体(样本)之间具有很高的相似性,而不同类型间的个体具有很大的相异性。

材料在拉伸过程中产生的声发射信号数量众多,这些信号在频率、幅值、上升时间、持续时间、振铃计数等方面分布很不规则,为了将这些属于不同损伤模式的信号区分为相应的类别,这里采用近邻函数值准则进行聚类分析。其基本思想如下:

对于一个样本集中的任意两个样本 x_i 与 x_k,如果 x_i 是 x_k 的第 I 个近邻,则定义 x_i 对 x_k 的近邻系数为 I;相似地,如果 x_k 是 x_i 的第 K 个近邻,则 x_k 对 x_i 的近邻系数为 K,那么,x_i 和 x_k 之间的近邻函数值 a_{ik} 定义为

$$a_{ik} = I + K - 2 \qquad\qquad (6-14)$$

显然,如果 x_i 和 x_k 互为最近邻,则 $a_{ik}=0$。

在聚类过程中，如果 x_i 和 x_k 被聚成同一类，则可以认为 x_i 与 x_k 是相互连接的。对于每一个连接，都存在一个连接损失。一般可以直接把近邻函数值 a_{ik} 定义为 x_i 和 x_k 之间的连接损失。

如果样本集中包含 n 个样本，那么近邻系数 I 与 K 总是小于或等于 $n-1$，因此 x_i 和 x_k 间的近邻函数值满足

$$a_{ik} \leqslant 2n - 4 \tag{6-15}$$

样本间的近邻函数值越小，说明它们越相似，把它们连接起来的连接损失就越小。在聚类过程中，当考察样本 x_i 时，计算它与其他样本间的近邻函数值，如果

$$a_{ik} = \min_j \{a_{ij}\} \tag{6-16}$$

则把 x_i 和 x_k 连接起来，并存在一个连接损失，即 a_{ik}。如果 x_i 和 x_k 不连接，则不存在连接损失。为了避免样本出现自身的连接，规定

$$a_{ii} \geqslant 2n \tag{6-17}$$

为了导出相应的准则函数，首先定义类内损失和类间损失。类内损失 L_{IA} 定义为

$$L_{IA} = \sum_{i=1}^{n} \sum_{j=1}^{n} a_{ij} \tag{6-18}$$

式中：n 为样本总数。因为只有同一类样本间才存在连接损失，不同类的样本不存在连接，即连接损失等于 0，所以式（6-18）可以对所有样本求和。

假设类别 ω_i 的样本与类别 $\omega_j(j=1,2,\cdots,c$，其中 c 为类别数，且 $j \neq i)$ 的样本之间的最小近邻函数值为 r_{ij}，并且令 $r_{ik}(k=1,2,\cdots,c$ 且 $k \neq i)$ 为类型 ω_i 的样本与其他类的所有样本之间的最小近邻函数值，那么

$$r_{ik} = \min\{r_{ij}\}, \qquad j = 1,2,\cdots,c \text{ 且 } j \neq i \tag{6-19}$$

式（6-19）意味着除了类别 ω_i 外的所有类别中，类别 ω_k 中的某一个样本与 ω_i 的某一个样本最近邻，它们之间的近邻函数值为 r_{ik}。如果用 $a_{i\max}$ 和 $a_{k\max}$ 分别表示类型 ω_i 和 ω_k 内的最大连接损失，那么类型 ω_i 与其他类的类间损失定义为

$$\beta_i = \begin{cases} -\left[(r_{ik} - a_{i\max}) + (r_{ik} - a_{k\max})\right], & \text{if } \begin{cases} r_{ik} > a_{i\max} \\ r_{ik} > a_{k\max} \end{cases} \\ r_{ik} > a_{k\max}, & \text{if } \begin{cases} r_{ik} \leqslant a_{i\max} \\ r_{ik} + a_{k\max} \end{cases} \\ r_{ik} + a_{i\max}, & \text{if } \begin{cases} r_{ik} > a_{i\max} \\ r_{ik} \leqslant a_{k\max} \end{cases} \\ r_{ik} + a_{i\max} + a_{k\max}, & \text{if } \begin{cases} r_{ik} \leqslant a_{i\max} \\ r_{ik} \leqslant a_{k\max} \end{cases} \end{cases} \tag{6-20}$$

式（6-20）中：第一种情况表示对 ω_i 类的类间最小近邻函数值 r_{ik} 大于相应的类内最大近邻函数值，说明聚类的结果是正确的，不必付出代价，置 β_i 为负值；后三种情况是 r_{ik} 小于或等于相应类中的一个或两个类内最大近邻函数值，说明这两类应该合并，应为此付出代价，所以置 β_i 为正值。显然，我们希望 c 个类间损失都为负值，并且希望 r_{ik} 尽可能大，而 $a_{i\max}$ 和 $a_{k\max}$ 尽可能小。总的类间损失为各类类间损失之和，即

$$L_{IR} = \sum_{i=1}^{c} \beta_i \tag{6-21}$$

近邻函数值准则函数定义为

$$J_m = L_{IA} + L_{IR} \qquad (6-22)$$

在聚类过程中,应使 J_m 取最小值。

碳/环氧复合材料拉伸损伤声发射信号聚类分析的具体算法流程如下:

① 对于给定的 n 个声发射信号,计算距离矩阵 $\boldsymbol{D}$,其元素 d_{ij} 为

$$d_{ij} = \boldsymbol{D}(x_i, x_j), \qquad i,j \in \{1, 2, \cdots, n\} \qquad (6-23)$$

式中,信号由 6.6.1 小节所述短时傅里叶变换所得到的特征变量来表示,选用的距离度量方法是多维空间上的欧氏距离。显然,$\boldsymbol{D}$ 是对称矩阵,且对角线上元素为 0。

② 计算近邻系数矩阵 $\boldsymbol{M}$,其元素 m_{ij} 是样本 x_j 对 x_i 的近邻系数,且 m_{ij} 是小于 $n-1$ 的自然数。矩阵 $\boldsymbol{M}$ 可在矩阵 $\boldsymbol{D}$ 的基础上求出。

③ 计算近邻函数值矩阵 $\boldsymbol{L}$,其元素 a_{ij} 为

$$a_{ij} = m_{ij} + m_{ji} - 2 \qquad (6-24)$$

显然,$a_{ij} = a_{ji}$。令对角线上的元素为 $2n$,则 $\boldsymbol{L}$ 也为对称矩阵。a_{ij} 也称 x_i 与 x_j 之间的连接损失。

④ 对矩阵 $\boldsymbol{L}$ 进行搜索,把每个样本与其有最小近邻函数值的信号连接起来,形成初始聚类。

⑤ 对于每个类,计算其 r_{ik},并且与 $a_{i\max}$ 和 $a_{k\max}$ 比较,如果 $r_{ik} \leqslant a_{i\max}$ 或 $r_{ik} \leqslant a_{k\max}$,则把 ω_i 和 ω_k 两个类合并,建立连接关系。

⑥ 重复步骤⑤,直到没有合并发生,聚类过程结束。

6.6.4　碳/环氧复合材料单向板拉伸过程声发射信号模式识别实现

1. 聚类的实现及学习样本的获取

典型的环氧树脂试样拉伸过程声发射信号参数分布如图 6-34 所示。可以看出,整个拉伸过程声发射信号产生得非常平稳,除了幅值随载荷有所增加外,其余声发射特征参数在加载各阶段没有大的变化。对加载前后阶段幅值不同的信号进行频率分析(如图 6-35 所示),其频率特征并无显著区别。这是因为环氧树脂拉伸过程中,声发射信号产生的机制较为单纯,基本是由拉伸过程中树脂微裂纹开裂所引起的。因此,对于树脂拉伸过程中的声发射信号,无须进行聚类,可以将试验得到的全部数据作为树脂开裂的学习样本。

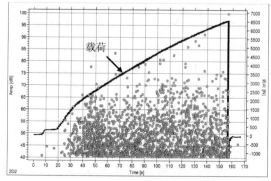
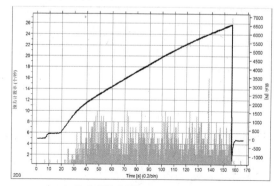

(a) 声发射幅度-时间-载荷关联图　　　　　　　(b) 声发射撞击计数率-时间-载荷历经图

图 6-34　环氧树脂试样拉伸损伤过程的声发射信号参数图

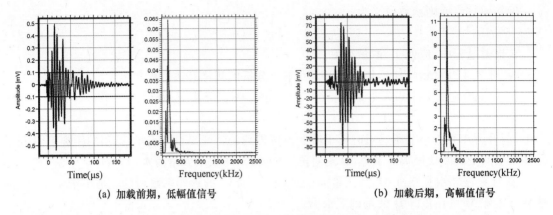

(a) 加载前期，低幅值信号　　　　　　(b) 加载后期，高幅值信号

图 6-35　环氧树脂试样拉伸损伤声发射信号波形及其频谱

在碳纤维束试样拉伸试验中，主要有两类声发射信号：一是碳纤维断裂产生的声发射信号，二是拉伸过程中碳纤维之间的相互摩擦引起的声发射信号。为此，设定聚类程序的最终类别数为 2，对试验得到的声发射信号进行聚类。聚类得到的两类声发射信号分布如图 6-36 所示。

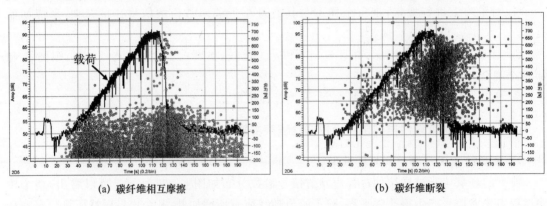

(a) 碳纤维相互摩擦　　　　　　　　(b) 碳纤维断裂

图 6-36　碳纤维束拉伸试样损伤过程的两类声发射信号幅值分布图

从产生声发射信号的机制和过程来看，碳纤维之间摩擦产生的声发射信号幅值较低而且信号量非常大，碳纤维断裂的声发射信号幅值往往较高。另外，摩擦引起的声发射信号频率较宽，而碳纤维断裂引起的声发射信号频率相对集中。通过分析可以看出，图 6-36(b) 中的信号为碳纤维断裂声发射信号，所以选择其作为碳纤维断裂声发射信号的学习样本。

浸胶纤维束试样拉伸过程中除了会发生纤维断裂外，还存在环氧树脂基体的开裂以及纤维与基体之间的界面开裂损伤。因此，其拉伸过程必然会包含这三种损伤的声发射信号。将浸胶纤维束拉伸过程的声发射信号按照最终类别数为 3 进行聚类，得到三类声发射信号的分布，分别如图 6-37～图 6-39 所示。

将这三类信号分别与前面已经选出的环氧树脂开裂信号和碳纤维断裂信号相对比。从信号的幅值分布以及信号的频谱等方面进行分析可见，图 6-37 的幅值分布与图 6-36(b) 相似，且高频率成分的比重在三种信号中最大，因此可以确定图 6-37 为碳纤维断裂产生的声发射信号；图 6-38 中所示信号的高频成分最小，且与图 6-35 的频谱特征类似，幅值分布亦相似，故图 6-38 所示为树脂开裂产生的声发射信号。这样，图 6-39 所示为界面开裂声发射信号，因此选择该类信号作为界面损伤声发射信号的学习样本。

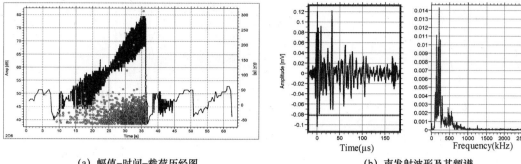

(a) 幅值-时间-载荷历经图　　　　　　　(b) 声发射波形及其频谱

图 6 - 37　浸胶碳纤维束拉伸损伤过程的碳纤维断裂

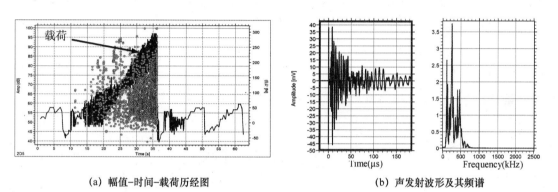

(a) 幅值-时间-载荷历经图　　　　　　　(b) 声发射波形及其频谱

图 6 - 38　浸胶碳纤维束拉伸损伤过程的树脂开裂

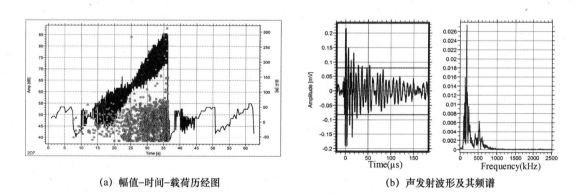

(a) 幅值-时间-载荷历经图　　　　　　　(b) 声发射波形及其频谱

图 6 - 39　浸胶碳纤维束拉伸损伤过程的界面开裂

　　在声发射试验中,当声发射仪采集的门槛值设置为 38.6 dB 时,采集到的环境噪声已经大大减少。为了获取较多的环境噪声的学习样本,将采集的门槛值降为 31.8 dB,并将进行拉伸试验时所有用到的仪器都启动,让声发射仪在这种环境下进行采集,得到的信号即为环境噪声。如图 6-40 所示,环境噪声信号幅值一般较小。从信号的频谱上看,500~1 000 kHz 的高频成分占很大比例,这是因为环境噪声主要是由各种仪器的高频电子噪声所引起的。

　　至此,用于训练碳/环氧复合材料拉伸损伤声发射信号聚类分析的分类器的 4 种样本——环氧树脂基体开裂、碳纤维断裂、界面开裂以及环境噪声,均选取完毕。

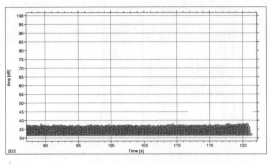 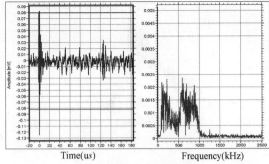

(a) 幅值-时间历经图　　　　　　　(b) 典型波形及其频谱图

图6-40　环境噪声引发的声发射信号

2. 训练分类器

采用基于波形分析的模式识别方法,利用计算机程序计算并提取上述四种样本的信号特征,然后用其对 Fisher 分类器进行训练。分类器的训练结果如表6-7所列。

表6-7　分类器训练结果(信号数量)

聚类结果 信号来源	类别1 (纤维断裂)	类别2 (基体开裂)	类别3 (界面开裂)	类别4 (环境噪声)	正确率/%
纤维断裂	98 519	6 414	4 371	2	90.1
基体开裂	116	1 911	194	0	86.0
界面开裂	108	165	1 531	1	84.8
环境噪声	2	43	8	24 757	99.8

3. 分类的实现

利用训练好的分类器对碳/环氧复合材料单向板拉伸过程声发射信号进行模式识别。图6-41所示为两个[0]单向板试样的拉伸过程中声发射信号模式识别结果,其中左纵坐标轴为声发射撞击计数率,右纵轴坐标为载荷。由图可以看出,在加载的前半期,界面损伤信号最多;而到了加载后期,最多的则为碳纤维损伤信号;因为采集时提高了门槛值,因而采集到的环境噪声信号很少,但是其随时间的分布很均匀(在图6-39中类似于一条靠近横轴的线段)。以上各类声发射信号的分布特点与复合材料的损伤过程相吻合,而且各个试样识别结果的重复性较好,说明基于波形的模式识别方法具有很好的识别效果。

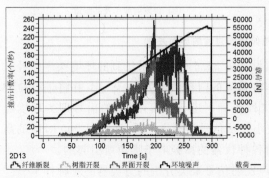 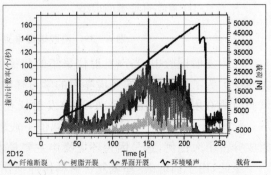

(a) [0]板1#试样　　　　　　　(b) [0]板6#试样

图6-41　不同类别的声发射信号在拉伸过程中随时间的分布

6.7　碳/环氧复合材料在不同拉伸条件下的损伤行为及评估

在工程实际中,复合材料往往承受着各种不同形式的载荷,因此,研究碳/环氧复合材料在不同加载条件下的损伤过程与损伤机理,对于确保复合材料构件的安全性具有重要的意义。另外,声发射检测是通过检测材料在加载过程中的响应情况来实现对材料损伤的评估,所以研究不同加载条件下复合材料的声发射特性,是利用声发射技术检测材料损伤的基础。为此,下面讨论碳/环氧复合材料在不同拉伸条件下的损伤行为,结合其声发射特性,研究复合材料损伤的声发射检测及评估方法。

6.7.1　碳/环氧复合材料在不同加载速度下的拉伸损伤过程

在服役期内,大部分复合材料构件除了承受静载荷作用外,往往还要经受动载荷的冲击。目前,对复合材料在冲击拉伸条件下的断裂行为研究主要局限于对刚度、强度等工程参数的探讨,而对其过程和机理的研究则较少。这里采用声发射技术,比较不同加载速度下的碳/环氧复合材料拉伸损伤过程,探讨其损伤机理,为复合材料在各种工况下的损伤评估提供理论支持。

1. 试验方案

采用 6 根 T700/环氧树脂复合材料[0]单向板作为试样,分别按 1 mm/min、4 mm/min、8 mm/min、16 mm/min、40 mm/min、80 mm/min 的加载速度,进行拉伸试验。试验方法与6.5 节相同。考虑到 6.5 节试验中的拉伸速度为 2 mm/min,所以对于该加载速度下的拉伸损伤过程,选用 6.5 节中编号为[0]板 6♯试样的数据来进行讨论。

2. 试验结果及分析

图 6-42 所示为试验得出的部分试样载荷-时间曲线及声发射撞击计数率、幅值和能量累计图,表 6-8 所列为试验结果的统计数据。

（1）断裂强度

在各种加载速度下,试验测得复合材料的刚度基本没有变化。根据图 6-42,在各种加载速度下,最终断裂的形式基本相同,即在达到最大载荷时突然断裂卸载。

从表 6-8 中可以看到,各个试样的断裂强度基本相同,没有表现出随着加载速度的升高而增强的趋势。

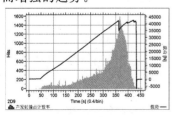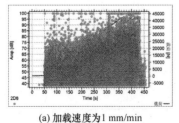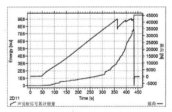

(a) 加载速度为1 mm/min

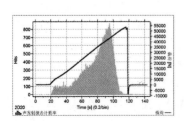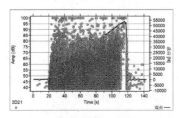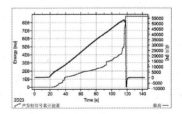

(b) 加载速度为4 mm/min

图 6-42　不同加载速度下碳/环氧复合材料拉伸损伤声发射检测结果

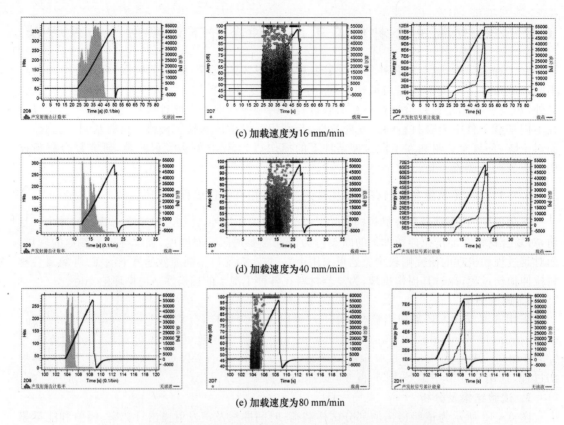

(c) 加载速度为16 mm/min

(d) 加载速度为40 mm/min

(e) 加载速度为80 mm/min

图 6 - 42　不同加载速度下碳/环氧复合材料拉伸损伤声发射检测结果(续)

表 6 - 8　不同加载速度下碳/环氧复合材料拉伸损伤试验结果数据统计

加载速度/ (mm·min⁻¹)	断裂强度/ GPa	撞击总数×10⁻⁴/ 个	累计能量/ eV	撞击率峰值 位置/%	平静期长度/%
1	2.23	31	98	83	2.0
2	2.43	15	128	80	2.5
4	2.38	13	87	77	6.0
8	2.41	7.6	128	66	16
16	2.24	4.4	120	50	27
40	2.20	0.74	70	33	37
80	2.40	0.34	76	27	58

　　资料显示,当碳/环氧复合材料应变速度达到 65 m/s 以上时,复合材料的强度随着应变速率增大而增强。这种现象可以用纤维断裂时间的概念来解释。有学者提出纤维材料存在一个断裂时间的概念,认为纤维的断裂条件除了应力达到断裂门槛值以外,还必须使纤维承受这个应力一定的时间。从微观层次来看,断裂是一个物理过程,期间大量原子由平衡位置到偏离平衡位置,再到彻底分离。因此,认为纤维材料存在一个断裂时间是合理的。例如:当静拉伸强度为 σ_b 的某纤维增强复合材料承受冲击拉伸载荷时,在应力达到 σ_b 时材料不会马上断裂,而是还能够承受超出静拉伸应变极限(对应的载荷为静拉伸强度)的额外应变 ε_{ex}(称为超额应变)。如果当时的冲击应变速度为 $\dot{\varepsilon}_d$,则断裂时间定义为 $T_f = \varepsilon_{ex}/\dot{\varepsilon}_d$。这样,纤维增强复合材

料断裂的两个必要条件是

$$\sigma \geqslant \sigma_b \qquad (6-25)$$
$$T = T_f \qquad (6-26)$$

从上面的分析可以看出,承受高速拉伸冲击载荷时,碳纤维的断裂时间将可能很短。在前述试验中,由于拉伸速度比较缓慢,完全满足条件式(6-26),因此应力一旦超过静拉伸强度,材料就马上断裂。

(2) 不同加载速度下碳/环氧复合材料拉伸损伤的声发射特性

前述试验中,虽然各试样在不同加载速度下的最终断裂强度基本相同,但是从声发射检测的结果上来看,各试样的损伤过程却有很大的区别。

从图6-42和表6-8可以看出,随着加载速度的提高,声发射撞击总数越来越少(由31万个降到0.34万个),说明微损伤数量随着加载速度的提高而逐渐变少。另外,随着加载速度的提高,声发射撞击计数率峰值出现的时间也越来越靠前(表6-8中撞击率峰值位置的计算方法是用从加载开始到峰值出现的时间除以从加载开始到断裂的时间),声发射信号平静期的相对长度也越来越长。同时,随着加载速度的增大,平静期内所含有的低幅值信号越来越少。这些现象说明,随着加载速度的提高,树脂基体和界面损伤将更加集中发生在加载的初期阶段,而且这些的损伤发展得越来越不充分;同时,声发射平静期相对变长,期间基体和界面的损伤变得越来越少,主要发生的是纤维束的断裂。

图6-43所示为加载速度分别为1 mm/min和80 mm/min的试样断裂后断口的照片,可以看到加载速度高的试样断口呈扫帚状散开,各分叉比较粗,而加载速度低的试样断口分叉相对较细。这从另一个角度说明,高速拉伸时,树脂和界面损伤发展得不充分。

(a) 加载速度为1 mm/min的试样

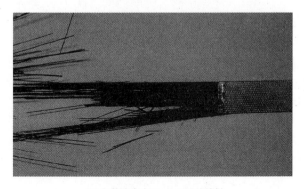

(b) 加载速度为80 mm/min的试样

图6-43　不同加载速度下[0]单向板试样断口形貌

值得一提的是,由表 6-8 可知,虽然不同加载速度下拉伸过程产生的声发射撞击数很大,但是各个试样加载过程中释放的声发射信号累计能量变化不大。如果将试样看成一个系统,由于各试样断裂时的载荷及应变相差不大,因此,在断裂之前,拉伸机对试样做的功大小基本一样。而各个试样从开始加载到断裂所产生的声发射能量基本相同,即系统释放的能量基本相同,说明各个试样内部的能量在断裂时是大致相当的。换言之,无论以何种速度加载,当系统内部能量到达一定值时,材料都会断裂。

另外,从图 6-41 中的累计能量曲线上看,其变化的规律基本一致,这预示着可以采用累计能量曲线来进行损伤评估。

6.7.2　碳/环氧复合材料的恒载声发射效应研究

材料在某一静载荷的长期作用下会产生蠕变,这是复合材料构件损伤的一种重要形式。研究蠕变,最重要的就是要从微观上弄清材料蠕变的过程与机理,而声发射技术则正是研究材料蠕变过程的有效工具之一。

恒载声发射效应反映了不同损伤程度下构件材料抵抗蠕变损伤能力的强弱,是考察材料损伤严重程度的重要判据。构件材料在较低载荷下恒载,损伤较轻,恒载后载荷逐渐重新分布将导致基体和界面原有裂纹的扩展以及新裂纹的产生;而在较高载荷下恒载,损伤较为严重,由于纤维的脆性特征和时间依赖性破坏特性,随恒载时间的增加必然会引起不同程度的纤维断裂。通过恒载声发射监测,能够分析材料在恒载过程中的损伤发展情况及材料抗蠕变能力的变化规律,从而判断构件材料损伤的历史。一般来说,构件材料损伤越严重,抗蠕变能力越差,表现为恒载声发射持续时间会越长,声发射收敛能力会越弱。

1. 试验方案

实验材料:T700 纤维/环氧树脂[0]单向板、T700 纤维/环氧树脂[45]单向板

试样数量:[0]单向板 4 根、[45]单向板 4 根

加载方案:以 6.4 节的试验结果为依据,制定停机(中止载荷增大进程,保持当前载荷,即恒载)时的应力水平;根据声发射收敛情况确定停机时间。具体如下:

① T700 纤维/环氧树脂[0]单向板试样:分别在 25 kN、33 kN、42 kN 和 47 kN 载荷水平下停机进行声发射监测,停机时间根据收敛情况决定(一般在 10 min 以上),之后继续加载直至试样断裂;

② T700 纤维/环氧树脂[45]单向板试样:分别在 0.8 kN、1.6 kN、2.2 kN 和 2.8 kN 载荷水平下停机进行声发射监测,停机时间根据收敛情况决定(一般在 5 min 以上),之后继续加载直至试样断裂。

2. 恒载声发射效应的相关术语及准则

(1)恒载声发射持续时间

恒载声发射持续时间是指停机后至没有明显声发射事件发生为止的时间间隔。

(2)恒载强声发射事件数量

恒载强声发射事件数量是指在材料损伤声发射过程趋于收敛的时间内高幅值、高振铃计数声发射撞击的数量。

(3)明显声发射事件和强声发射事件判据

根据美国增强塑料声发射监测委员会(CARP)推荐规范,确定明显声发射事件和强声发射事件判据。

CARP 推荐规范提出的判定明显声发射事件发生的准则有以下三项:

① 当载荷增加 10%时,声发射超过 5 个事件计数;

② 当载荷增加 10% 时,声发射多于 20 个振铃计数;

③ 在恒定载荷下的持续声发射。

CARP 推荐的规范提出的强声发射事件的准则为:幅值大于 85 dB 或信号多于 20 个振铃。

3. [0]单向板试样的恒载声发射分析

图 6-44 所示为[0]单向板试样恒载声发射试验结果,表 6-9 所列为根据相应规范统计得出的部分试验数据。可以看出,材料恒载条件下抗蠕变能力(即恒载声发射事件的收敛时间)明显和损伤阶段有很大的关系。随着恒载载荷水平的提高,声发射事件收敛时间、恒载期载荷下降量均呈增大趋势,强声发射事件数迅速增多,最终断裂强度却有所降低。

由图 6-44 和表 6-9 可知,试样在 25 kN 的载荷水平恒载,声发射事件在 107 s 便收敛结束,强声发射事件数只有 16 个,而且恒载期的载荷下降量只有 6.8%,因此可以认为此载荷水平下恒载对试样几乎不产生损伤。此时损伤随外加载荷的增加发展得较为稳定而缓慢,因此材料抗蠕变能力较好,已经产生的裂纹在恒载期间基本停止生长。当恒载水平增大到 47 kN 时,从图 6-44(d)的第二幅图中的损伤分类可以看出,进入恒载阶段前已经出现了大量的碳纤维断裂损伤,恒载期间,碳纤维断裂损伤进程仍然延续了较长一段时间,最终断裂强度比正常拉伸试样明显降低。另外,从定位图上可以看出,恒载水平为 25 kN 时,恒载后出现的损伤在空间上的分布比较随机,与加载阶段出现的损伤无关,而随着恒载水平的提高,恒载后的声发射事件在空间上的分布有集中的趋势,并且主要是集中于加载初期(恒载以前)试样声发射密集的部位。这说明在较高载荷条件下恒载,材料的蠕变是加载初期损伤的继续发展,而不是新损伤的产生。

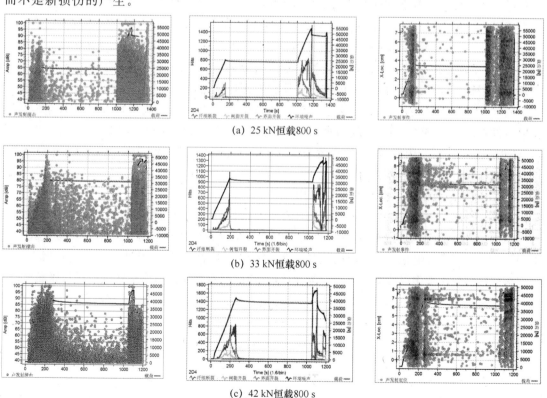

(a) 25 kN恒载800 s

(b) 33 kN恒载800 s

(c) 42 kN恒载800 s

图 6-44　[0]单向板恒载声发射检测结果(各子图中从左至右依次为幅值、各类撞击计数率及定位-时间图)

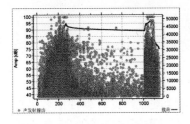 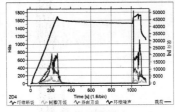 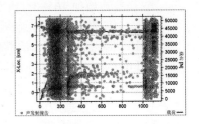

(d) 47 kN恒载800 s

图 6-44　[0]单向板恒载声发射检测结果(各子图中从左至右依次为幅值、

各类撞击计数率及定位-时间图)(续)

表 6-9　[0]单向板试样恒载声发射统计数据

载荷水平/kN	停机时间/s	收敛时间/s	强声发射 事件数/个	恒载期载荷 下降量/%	最终断裂强度/ GPa
25	800	107	16	6.8	2.38
33	800	475	198	7.0	2.41
42	800	458	73	8.3	2.10
47	800	610	224	9.0	2.05

　　由图 6-42 和表 6-9 还可以发现一个值得关注的现象:试样在 33 kN 水平下的恒载声发射收敛时间比 42 kN 水平下还要长,产生的强声发射事件数也明显多于 42 kN 水平下。比较恒载过程的声发射撞击数-时间-载荷关联图(各载荷水平试验结果的第三幅图),33 kN 水平位于试样损伤第三阶段的声发射撞击数"主峰"之前(参见图 6-28),试样正处于大规模损伤阶段,损伤形式主要是基体开裂和界面分离,此时基体和界面抗蠕变能力已经有较大幅的降低。因此,在该载荷水平下恒载并不能制止基体与界面损伤的继续发生。而 42 kN 水平处于声发射撞击数"主峰"之后,此时大规模的基体和界面损伤已接近尾声,而此载荷水平并不能持续引发大规模的纤维损伤,因此产生了这种高载荷恒载声发射事件收敛性强于低载荷恒载声发射事件收敛性的现象。但从载荷曲线上来看,33 kN 恒载后,800 s 内载荷下降 7%,而 42 kN 时则为 8.3%。因此,从损伤程度来说,42 kN 水平的试样抗蠕变能力比 33 kN 水平低。这与材料抗蠕变能力的普遍规律是一致的。

4. [45]单向板试样的恒载声发射分析

　　表 6-10 所列为[45]单向板试样恒载过程声发射检测的统计数据。可以看出,随着损伤的加剧,材料在恒载过程中的声发射事件收敛时间表现出逐渐增加的趋势。其余相关参数的变化也与[0]单向板类似,但是[45]单向板试样的变化趋势相对简单,均为单调变化。这是因为[45]单向板材料的损伤类型以及损伤过程较为简单,拉伸过程的大部分损伤是基体损伤和界面损伤。

表 6-10　[45]单向板试样恒载声发射检测统计数据

载荷水平/kN	停机时间/s	收敛时间/s	强声发射 事件数/个	恒载期载荷 下降量/%	最终断裂强度/ MPa
0.8	300	24	8	10.3	42.6
1.6	320	51	17	11.2	40.2
2.2	900	393	70	12.8	38.5
2.8	1 250	1 126	171	14.0	32.0

6.7.3　碳/环氧复合材料的 Felicity 效应研究

Felicity 效应反映了结构材料的损伤历史,弄清碳/环氧复合材料 Felicity 效应的机理和规律,将有助于该材料的损伤评估。

1. 试验方案

试验材料:T700 纤维/环氧树脂[0]单向板和[45]单向板

试样数量:[0]单向板 3 根、[45]单向板 3 根

加卸载控制方式和速度:位移控制方式,加载速率为 1 mm/min。两个声发射传感器以凡士林为耦合剂安置在试样上,相距 70 mm,并用松紧带固定,使其更紧密地耦合。

加载方案:以 6.4 节和 6.5 节的试验结果为依据,制定 Felicity 效应试验的加载方案,具体如下:

① 对于[0]单向板试样,根据 6.5 节的分析,将[0]单向板试样拉伸损伤破坏的全过程分成 5 个阶段。其中经多次试验,发现前 3 个阶段材料损伤过程表现得相对稳定,而在第 4 阶段则表现出明显的离散性和不规律性。因此,在前 3 个阶段载荷范围内各选择一载荷水平进行两次加载、卸载。当声发射撞击-时间历经曲线出现声发射信号主峰并有下降趋势时,再取一稍高的载荷水平进行两次加载、卸载。每次加载至峰值后恒载 1~2 min。加载程序见图 6-45(a)。

② 对于[45]单向板试样,根据 6.4 节的试验分析,其拉伸损伤过程相对较为简单,而且强度很低,所以自 1 000 N 起每隔 500 N 取一载荷水平进行两次加载、卸载。每次加载至峰值后恒载 2 min 左右。加载程序见图 6-45(b)。

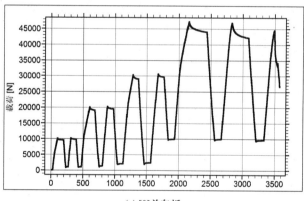

(a) [0]单向板

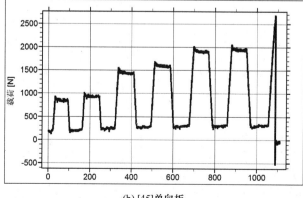

(b) [45]单向板

图 6-45　Felicity 效应试验加载程序图

在进行材料 Felicity 效应试验时,尤其是在计算材料 Felicity 比值时,需要确定当前是否有明显的声发射事件发生。这里仍选用 CARP 推荐的标准来定义明显声发射事件,并据此来计算 Felicity 比值。

2. [0]单向板试样的 Felicity 效应分析

图 6-46 所示为[0]单向板(1♯试样)Felicity 效应试验过程中声发射幅值-时间-载荷图,图 6-47 所示为该试样各个加载步的声发射定位-时间-载荷图。由图 6-47(a)可以看出,第一次加载至 10 kN 仅产生较少的声发射信号,恒载 100 s 期间无声发射事件。卸载后再次加载至 10 kN 并恒载 100 s 无声发射事件,说明在这个载荷水平下,试样并未受到严重损伤。

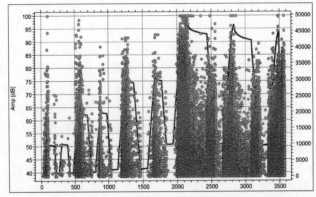

图 6-46　[0]单向板 Felicity 效应试验声发射幅度-时间-载荷全局图

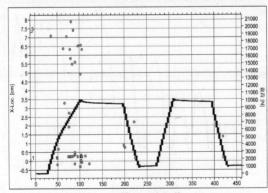

(a) 第1、2次加载

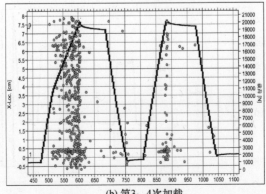

(b) 第3、4次加载

图 6-47　[0]单向板 Felicity 效应试验声发射定位-时间-载荷局部图

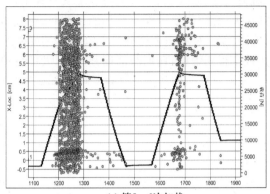

(c) 第5、6次加载

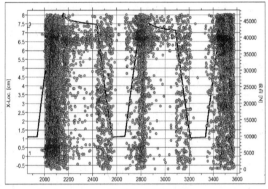

(d) 第7、8次加载

图 6 - 47　[0]单向板 Felicity 效应试验声发射定位-时间-载荷局部图(续)

在载荷由 10 kN 增加至 20 kN 的过程中,由图 6 - 47(b)可以看出,载荷增加到 12 kN 时就出现了很多声发射撞击,但以 CARP 标准来判断有明显声发射事件时的载荷则达到了 15 kN,由此得到该阶段的 Felicity 比为 15 kN/10 kN=1.5。以此方法,得到 Felicity 比值与载荷之间的关系(如表 6 - 11 所列)。

表 6 - 11　[0]单向板试样 Felicity 比随载荷水平变化情况

加载序号	有明显声发射事件时的载荷/kN			上次加载载荷/kN	Felicity 比值		
	1♯试样	2♯试样	3♯试样		1♯试样	2♯试样	3♯试样
1	—	—	—	—	—	—	—
2	—	—	—	10	—	—	—
3	15.0	15.8	15.4	10	1.50	1.58	1.54
4	—	—	—	20	—	—	—
5	22.0	21.2	24.0	20	1.10	1.06	1.20
6	30.0	28.8	33.0	30	1.00	0.96	1.10
7	28.5	27.0	28.8	30	0.95	0.90	0.96
8	25.2	24.6	25.8	46	0.84	0.82	0.86
9	16.0	18.4	17.5	46	0.35	0.40	0.38

从图 6-47 中所示的载荷-时间曲线上看,每次重新加载过程中,在未到前次所加的最大载荷时,曲线斜率比初次加载时大;当载荷超过前次所加的载荷时,曲线斜率又基本恢复到初次加载时的大小。从这里可以看出,复合材料与金属材料类似,也存在受载后"硬化"的现象。这可以从碳/环氧复合材料损伤机理中得到解释:在加载前期和中期,大部分损伤是基体和界面开裂损伤,当这些损伤充分发展后,复合材料结构基本上仅剩下碳纤维承担载荷,因而刚度会有所增加。

观察图 6-47(a)、(b)可以发现,重新加载时,声发射信号主要产生在上一次加载过程中声发射集中的区域(图中左侧坐标轴为声发射源定位坐标,左侧坐标轴右侧 1、3 为传感器位置),而且这种现象随着载荷水平的提高愈加明显。这说明重新加载之后,原来的损伤继续发展,而较少有新损伤在其他的地方产生。

试样从 30 kN 卸载并加载至 46 kN 载荷水平的过程中(加载序号 7),Felicity 比值为 0.95,声发射事件数量、幅值明显增大。加载至 46 kN 卸载再次加载时(加载序号 8),Felicity 比值降至 0.84,再次卸载并加载至 16 kN 时开始出现明显声发射事件(加载序号 9),此时 Felicity 比值突降为 0.35。分析可知,基体、界面大规模开裂损伤在此阶段之前已经结束,纤维开始出现成束损伤的情况,因此 Felicity 比值降到很低,说明严重的损伤已经发生。此外,该载荷水平下恒载时间内,载荷有十分明显的下降现象(下降 2 kN),而且声发射收敛时间较之前大幅度延长,这从另一个角度说明损伤已经非常严重。

综合上述分析可知,试样在 30 kN 之前 Felicity 比值均在 0.95 以上,可以看作满足 Kaiser 效应。这表明,在此载荷范围内,试样并没有受到严重损伤,同时拥有稳定的力学性能。以 Felicity 比值等于 0.95 为界限,得到碳/环氧复合材料存在 Kaiser 效应的应力上限值约为试样极限抗拉强度的 80%,该 Felicity 比值标志着试样开始进入严重损伤阶段。

针对加载水平越高 Felicity 效应越明显这一现象,可以从复合材料的损伤机理中得到解释:加载水平越高,基体和界面损伤愈加严重,使得复合材料的复合效应不断退化。卸载之后重新加载时,纤维之间的协调效应已经大大降低,因此,应力必然会重新调整,并在这个调整过程中引起很多较弱纤维的损伤。

对试验中得到的数据进行拟合,得到[0]单向板试样 Felicity 效应试验的量化规律,拟合结果见式(6-27)和图 6-48,其中加载水平用 55 kN 做了归一化处理。

$$FELVALU = -13.88L^3 + 22.50L^2 - 11.87L + 3.06 \qquad (6-27)$$

式中:FELVALU 为 Felicity 比值;L 为归一化后的加载水平。

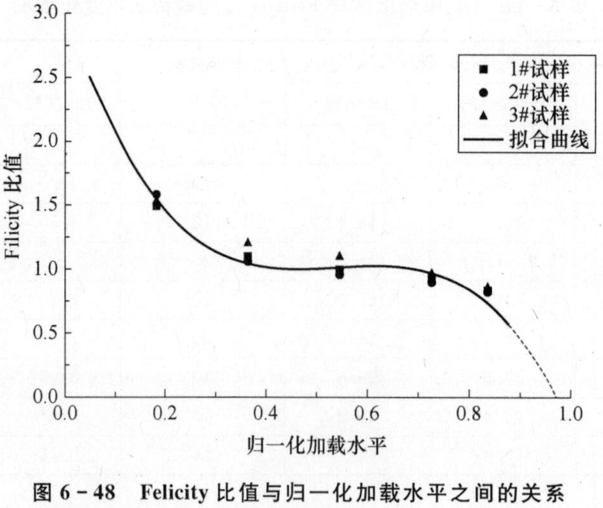

图 6-48　Felicity 比值与归一化加载水平之间的关系

从图 6 - 48 可以看出,在低加载水平下,Felicity 比值较大(均大于 1),并随加载水平的增大而迅速下降;加载水平介于 0.4~0.8 时,Felicity 比值变化非常缓慢;当加载水平大于 0.8 时,Felicity 比值迅速降低。Felicity 比值在 $L \geqslant 0.8$ 阶段的这一变化趋势与之前分析的碳/环氧复合材料的拉伸损伤过程极为吻合。

但是,$L \leqslant 0.4$ 之前 Felicity 值迅速下降,这与前面分析的损伤发展过程不符。在加载的初期,确实存在大量的基体与界面的损伤,但损伤的程度并不严重,不会对材料的承载能力产生重大影响。因此,从这个意义上说,Felicity 比值并不能完全表征材料的损伤程度。但是若以 Felicity 比值来表征材料内部结构的完整性却是很适宜的,因为加载初期大量的基体、界面损伤可以看作是结构完整性的丧失。

3. [45]单向板试样的 Felicity 效应分析

图 6 - 49 所示为碳/环氧复合材料[45]单向板(1#试样)Felicity 效应试验结果,表 6 - 12 所列为 Felicity 比值随载荷水平的变化情况。

由图 6 - 49(a)和表 6 - 12 可以看出,在加载 1.5 kN 载荷之前,碳/环氧复合材料[45]单向板试样的 Felicity 比值均大于 0.94。以此为界限,得到该试样存在 Kaiser 效应的载荷上限值约为其抗拉极限强度的 80%。此后随载荷增加,试样开始进入严重损伤阶段,Felicity 比值迅速下降;同时,试样出现了恒载声发射事件收敛性能下降的规律及恒载时载荷下降的现象,说明其抗蠕变能力减弱。

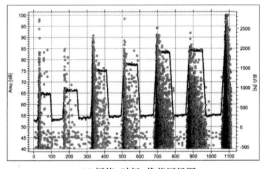　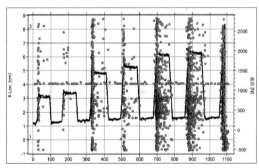

　　(a) 幅值-时间-载荷历经图　　　　　　　　　　　(b) 定位-时间-载荷历经图

图 6 - 49　[45]单向板 Felicity 效应试验结果

表 6 - 12　[45]单向板试样 Felicity 比值随载荷水平的变化情况

加载序号	有明显声发射事件时的载荷/kN			上次加载载荷/kN	Felicity 比值		
	1#试样	2#试样	3#试样		1#试样	2#试样	3#试样
1	—						
2	—	—	—	1.0	—	—	—
3	1.15	1.18	1.24	1.0	1.15	1.18	1.24
4	1.50	1.58	1.62	1.5	1.00	1.05	1.08
5	1.41	1.44	1.45	1.5	0.94	0.96	0.97
6	1.70	1.74	1.68	2.0	0.85	0.87	0.84
7	1.30	1.36	1.24	2.0	0.65	0.68	0.62

从图 6-49(b)可以看到,在加载水平较低的前 4 次加载过程中,后一次加载所产生的声发射信号的位置与前一次的往往不一样,没有出现损伤集中发展的现象。但是到第 5、6 次加载时,损伤主要集中在距 1♯传感器 2.5 cm 的地方,说明该处损伤开始变得严重并快速发展。

6.7.4　基于声发射的复合材料加卸载效应研究

20 世纪 80 年代,我国地震学家尹祥础在地震力学、断裂力学、损伤力学、非线性科学等学科的基础上,提出了一种新的地震预测的方法——加卸载响应比理论。该理论认为,对岩石等材料单调加载时,材料会依次经历弹性、损伤、破坏或失稳等阶段。弹性阶段的最本质特征是可逆性,即加载路径与卸载路径是可逆的,或者说加载模量与卸载模量是相同的;与弹性阶段相反,损伤阶段是一个不可逆的过程,加载响应与卸载响应不相同(这种现象称为卸载效应),或者说加载模量不同于卸载模量。这种加载与卸载的差别能够揭示材料由于损伤导致的弱化。理论与实践表明,利用岩石材料的加载与卸载响应量之比,可以有效预测地震的发生。

加卸载理论中的加卸载响应含义比较广,可以是加/卸载过程中的应变或释放的能量等。声发射是材料在受载过程中释放能量的一种表现,因此声发射信号也可以表征材料加卸载过程中的响应情况。对于大多数材料来说,比如金属材料,卸载过程中声发射现象并不明显。但是,与岩石材料类似,碳纤维增强环氧材料在卸载过程中有大量的声发射信号产生。此外,通过前面的试验可以看出,复合材料从最初的加载开始就出现了一定的硬化现象,说明该材料的加载响应和卸载响应区别比较大。基于这些现象,下面将加卸载理论引入复合材料的拉伸损伤研究中,探索复合材料的加卸载响应与其最终失效的关系。

1. 试验方案

试验材料:T700 纤维/环氧树脂[0]单向板

试样数量:18 根(分为 3 组,每组 6 根)

加载方案:以 1 mm/min 的速度对试样进行拉伸加载,达到一定载荷时恒载 100 s,然后以 1 mm/min 的速度卸载(见图 6-50)。在加载和卸载过程中,用布置在试样两端的两个传感器采集声发射信号。为了研究碳/环氧复合材料在不同损伤程度下的加卸载效应,根据前面对断裂过程的研究结果,本试验设置 6 个加载水平,分别为 15 kN、30 kN、40 kN、46 kN、48 kN 和 50 kN。每组试样中,每一根试样经历一个载荷水平的加卸载效应试验。

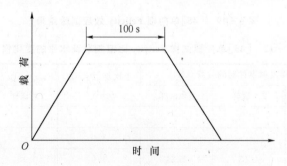

图 6-50　复合材料加卸载效应试验加载程序图

2. 复合材料加卸载效应分析

(1)复合材料卸载声发射效应及其机理分析

图 6-51、图 6-52 所示分别为 48 kN 和 30 kN 水平下复合材料加/卸载过程声发射试验结果(均来自第一组试样)。从图 6-51(a)可以看出,在 350 s 附近,声发射撞击计数率出现峰

值,根据复合材料损伤机理,此时基体、界面的大规模损伤基本结束,严重损伤(纤维断裂)阶段开始到来。从图 6-51(b)的分类图中也可以看到,这时候的树脂、界面信号已经减少,而碳纤维损伤信号则在增多。在图 6-51(d)中,可以看到 350 s 附近的定位信号很少,因为此阶段的损伤形式主要是纤维束断裂,数量比较少;而 350 s 之前进行的是大量的基体与界面开裂,故定位信号很多。然而,从图中可知,进入恒载阶段后,基体、界面的损伤信号又开始增多,这是因为恒载时基体、界面抗蠕变性能较差,其损伤继续发展。到卸载阶段,各类损伤信号又有较大的增加,并且有相当一部分为纤维损伤信号,说明卸载阶段的损伤有所加剧。另外,从图 6-51(d)中可以看出,在加载及恒载阶段,声发射信号在 0.5 cm 和 4.5 cm 处比较密集,但是到了卸载阶段这个现象却不太明显。这说明,卸载阶段的损伤并不是加载和恒载阶段损伤的继续,而是产生了新的损伤。原因可能是由于复合材料是一种复杂的多相非均匀材料,卸载时各相材料、各个微裂纹之间会出现应力重新调整与分布的现象,从而引起进一步损伤。

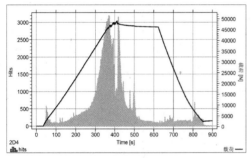

(a) 撞击计数率-时间-载荷历经图

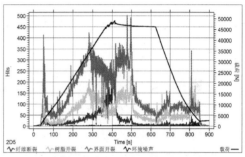

(b) 四类损伤撞击计数率-时间-载荷历经图

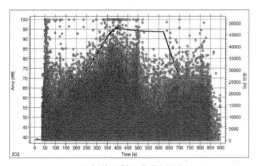

(c) 幅值-时间-载荷历经图

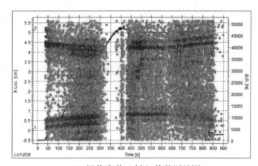

(d) 损伤定位-时间-载荷历经图

图 6-51　48 kN 水平下加/卸载过程的声发射检测结果

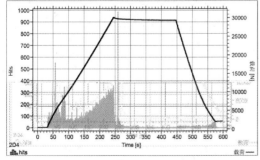

(a) 撞击计数率-时间-载荷历经图

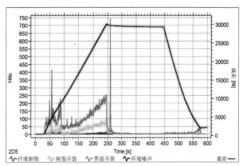

(b) 四类损伤撞击计数率-时间-载荷历经图

图 6-52　30 kN 水平下加/卸载过程的声发射检测结果

对比图 6-51、图 6-52 可以看出,30 kN 载荷水平下的卸载声发射响应比 48 kN 载荷水平下要小得多。因此,研究不同损伤程度下的复合材料加卸载效应,将有助于预测复合材料的最终断裂。

(2) 加卸载响应比与损伤变量

为了定量刻画加载响应与卸载响应的差别,定义以下两个基本变量。

① 响应量 X,定义为

$$X = \lim_{\Delta p \to 0} \frac{\Delta R}{\Delta P} \tag{6-28}$$

式中:ΔP 和 ΔR 分别为载荷 P 和响应 R 对应的增量。

② 加卸载响应比,定义为

$$Y = \frac{X_+}{X_-} \tag{6-29}$$

式中:X_+ 和 X_- 分别为加载响应量与卸载响应量。

很明显,当材料处于弹性阶段时,$X_+ = X_-$,加卸载响应比值 $Y=1$;到了损伤阶段,$X_+ > X_-$,就有 $Y>1$,而且随着损伤的增加,Y 值也会增加,当材料临近破坏时 Y 值达到最大值。因此,加卸载响应比 Y 可以定量刻画材料的损伤程度。

对于一个简单的加载过程,比如单轴拉伸或压缩,加卸载响应比与损伤变量 D 之间存在着一定的关系,下面进行分析。

首先,引入真实应力与名义应力之间的关系:

$$\sigma_n = \sigma_a(1-D) \tag{6-30}$$

式中:σ_n 为名义应力,σ_a 为真实应力。对式(6-30)两边取微分,有

$$d\sigma_n = (1-D)d\sigma_a - \sigma_a dD \tag{6-31}$$

为了方便讨论,假设材料处于卸载过程时,损伤不会增加也不会减少,也就是卸载过程中 $dD=0$,则有

$$\left.\begin{array}{l} d\sigma_{n(+)} = (1-D)d\sigma_{a(+)} - \sigma_a dD \\ d\sigma_{n(-)} = (1-D)d\sigma_{a(-)} \end{array}\right\} \tag{6-32}$$

根据胡克定律有

$$\left.\begin{array}{l} d\sigma_{a(+)} = E_0 d\varepsilon_{(+)} \\ d\sigma_{a(-)} = E_0 d\varepsilon_{(-)} \end{array}\right\} \tag{6-33}$$

式中:E_0 为材料的弹性模量,$\varepsilon_{(+)}$、$\varepsilon_{(-)}$ 分别表示加载与卸载时的应变量。

根据式(6-32)、式(6-33)可以分别得到加载响应量与卸载响应量:

$$\left.\begin{array}{l} X_+ = \dfrac{d\varepsilon_+}{d\sigma_{n(+)}} = \left[E_0(1-D) - \dfrac{\sigma_a dD}{d\varepsilon_{(+)}}\right]^{-1} \\ X_- = \dfrac{d\varepsilon_-}{d\sigma_{n(-)}} = \left[E_0(1-D)\right]^{-1} \end{array}\right\} \tag{6-34}$$

再由加卸载响应比的定义,可得

$$Y = \frac{1}{1 - \dfrac{\varepsilon}{1-D} \cdot \dfrac{dD}{d\varepsilon_{(+)}}} \tag{6-35}$$

假设材料损伤时,其微裂纹在细观尺度上服从某一个概率分布函数,比如 Weibull 分布:

$$h(\varepsilon) = m\varepsilon^{m-1}\exp(-\varepsilon^m) \tag{6-36}$$

式中：m 为 Weibull 形状因子。那么，损伤就可以表示为

$$D(\varepsilon) = \int_0^\varepsilon h(\varepsilon)\mathrm{d}\varepsilon = 1 - \mathrm{e}^{-\varepsilon^m} \tag{6-37}$$

将式(6-37)代入式(6-35)，有

$$Y = \frac{1}{m(\varepsilon_\mathrm{F}^m - \varepsilon^m)} \tag{6-38}$$

式中：ε_F 是破坏点的应变值，其大小为 $\left(\dfrac{1}{m}\right)^{\frac{1}{m}}$。将该值代入式(6-37)就得到破坏点对应的损伤为 $D_\mathrm{F} = 1 - \mathrm{e}^{-\frac{1}{m}}$。

根据式(6-37)和式(6-38)，有

$$Y = \frac{1}{1 + m\ln[1 - D(\varepsilon)]} \tag{6-39}$$

式(6-39)给出了加卸载响应比与损伤变量之间的关系。当 Weibull 指数 $m = 1, 2, 4, 8$ 时，D/D_F 与 Y 的关系曲线见图 6-53。

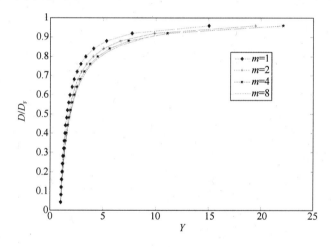

图 6-53 D/D_F 与 Y 的关系曲线

从图 6-53 可以看出，当 Y 小于 5 时，加卸载响应比与损伤变量有着很好的线性关系，说明 Y 能够很好地反映损伤变量 D 的大小(即损伤程度)。但是，在 Y 大于 5 之后，图中的曲线开始发生弯曲。这是因为为了方便推导式(6-32)，假设卸载时没有损伤发生，即 $\mathrm{d}D = 0$。但是事实上，从前面的试验可以看出，随着损伤程度的加剧，卸载时的声发射信号也愈来愈多，即卸载时发生的损伤越来越明显。因此从总体上说，加卸载响应比能反映材料的损伤程度，或者说用加卸载响应比评价材料的损伤程度是可行的。

(3) 复合材料加卸载响应比分析

在地震学中，常使用地震能量 E 及其相关量作为响应量，加卸载响应比 Y 就可以定义为

$$Y = \frac{\left[\sum\limits_{i=1}^{N_+} E_i^m\right]_+}{\left[\sum\limits_{i=1}^{N_-} E_i^m\right]_-} \tag{6-40}$$

式中：E 为地震能量；N_+ 为加载地震数目；N_- 为卸载地震数目。当 $m=1/2$ 时，E_i^m 在地震学中被称为 Benioff 应变。

参照地震学的理论，将式(6－40)中的参数 m 取为 $m=1/2$，即采用 Benioff 应变来计算复合材料加卸载响应比值。具体做法是：先对试验过程中所有的声发射信号的能量值求其平方根，然后分别对加载段与卸载段声发射信号能量的平方根求和，最后将加载段与卸载段的对应和值相比，便得出加卸载响应比，见表 6－13。根据表中数值，可得到加卸载响应比（按声发射能量计算）与载荷水平关系曲线，如图 6－54 所示。

表 6－13　加卸载响应比值（按声发射能量计算）

| 载荷水平/ | 第一组试样 | | | 第二组试样 | | | 第三组试样 | | |
kN	E_+	E_-	Y	E_+	E_-	Y	E_+	E_-	Y
15	4.03e4	4.77e3	8.44	3.75e4	3.63e3	10.32	3.43e4	3.67e3	9.34
30	6.72e4	6.59e3	10.20	5.80e4	3.98e3	14.56	6.04e4	4.56e3	13.25
40	9.01e4	7.32e3	12.31	1.53e5	9.75e3	15.70	8.32e4	7.70e3	10.80
46	2.10e5	9.15e3	22.95	3.14e5	1.04e4	30.27	2.56e5	7.71e3	33.25
48	6.02e5	4.17e4	14.44	5.32e5	3.02e4	17.60	6.78e5	3.59e4	18.86
50	8.08e5	9.77e4	8.27	9.42e5	2.03e5	4.64	8.82e5	7.11e4	12.40

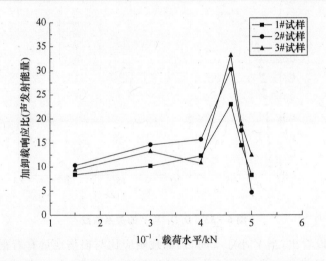

图 6－54　由声发射能量得出的加卸载响应比与载荷水平关系曲线

为了便于相互比较及验证，对加卸载过程中测得的模量变化进行统计，计算出的加卸载响应比见表 6－14，由此得出的加卸载响应比（按弹性模量计算）与载荷水平的关系曲线如图 6－55 所示。

表 6－14　加卸载响应比值（按弹性模量计算）

载荷水平/kN	第一组试样	第二组试样	第三组试样	平均值
15	0.59	0.43	0.62	0.55
30	0.64	0.58	0.66	0.63
40	0.72	0.78	0.83	0.78
46	0.83	0.97	1.21	1.00
48	1.38	1.45	1.52	1.45
50	1.21	1.30	1.38	1.30

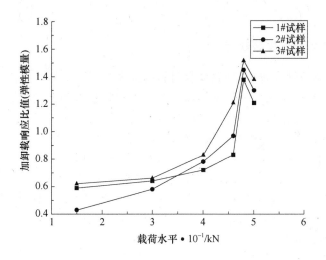

图 6 - 55　由弹性模量得出的加卸载响应比与载荷水平的关系曲线

从图 6 - 54 与图 6 - 55 可以看出,随着载荷水平的提高,加卸载响应比逐渐增大,但是在最终断裂之前,加卸载响应比却有减小的趋势,即在材料失效之前加卸载响应比存在一个峰值。因此,利用这个峰值及加卸载响应比值的变化规律,可以检测和评估材料损伤的严重程度。

比较图 6 - 54 和图 6 - 55 不难发现,由声发射能量计算出的加卸载响应比普遍比较大、峰值出现较为突然,且峰值比较明显,出现在损伤进程中较为靠前的位置;相比之下,由弹性模量计算出的加卸载响应比数值偏小,变化比较平缓,峰值出现比较靠后,且峰值现象相对不显著。主要原因是由于声发射是材料断裂损伤过程中能量的释放,对材料微观变化比较敏感,而弹性模量是通过应力应变等宏观测量值计算得出的,它是微观过程不断累积所表现出来的性质。因此,由声发射能量计算得到加卸载响应比对损伤的反映更为灵敏,更有利于复合材料损伤检测与评估。

在图 6 - 53 中,当损伤程度增大时,加卸载响应比将变大,但是在图 6 - 54 发现到达加载末期时,加卸载响应比是减小的。对这种现象可以进行如下分析:首先,推导图 6 - 53 的依据是材料微裂纹损伤理论,即从裂纹的尺寸、材料的剩余承载面积等角度来研究损伤,但加卸载响应比却是从能量的角度来研究损伤,因此两者之间必然存在一定的偏差;其次,从系统的角度来看,加卸载响应比的变化是系统对输入量敏感程度的反映。碳/环氧复合材料属于非均匀材料,当载荷水平加大导致损伤到达某一临界尺寸后时,材料进入了自驱动状态,即对外部的输入不再敏感,从而表现出加卸载响应比降低的现象。

从上面的分析可以看出,加卸载响应比虽然不能精确地反映损伤的程度,却可以监测损伤的发展,并且从加卸载响应比的峰值可以有效预测材料的最终断裂时刻。

6.8　碳/环氧复合材料拉伸损伤临界失效载荷及损伤模型的探讨

近年来,人们在试验的基础之上,努力寻求建立复合材料断裂损伤过程的数学模型,以便更为广泛地指导复合材料的工程应用。然而,近几十年来所建立的数学模型,对有着复杂断裂损伤机理的复合材料来说,其预测的精度远不能满足要求。究其原因,是人们对复合材料的断裂过程与断裂机理缺乏深入的认识。下面以声发射参数为主,建立更为实用的复合材料损伤数学模型。

6.8.1　复合材料临界失效载荷

　　碳纤维强度的离散性导致碳/环氧复合材料的强度也有一定的离散性。目前,工程中对复合材料强度的定义,只能从该批材料中抽取部分样本进行拉伸试验,然后求取强度的平均值,并标注出离散系数,以此作为材料使用单位进行结构设计的参考。相比之下,金属等很多均质材料,不仅强度分散性小,还能够通过试验给出弹性极限、屈服极限和强度极限等诸多指标,而且各个指标均对应着明确的物理含义,这对于材料的工程使用具有重大的指导意义。但是,对于单向复合材料来说,不仅强度分散,最终断裂的物理机制不够明确,而且在拉伸试验过程中,应力-应变曲线并没有出现如金属拉伸过程中存在的明显阶段特征,因此很难给复合材料确定一个明确的安全应力或安全载荷,这对于复合材料的推广应用极为不利。为此,下面结合相关试验与理论,探讨确定复合材料的临界失效载荷。

1. 试验研究

　　在 6.7.4 小节中,进行了 6 个水平的加载-恒载-卸载试验。经受加卸载效应试验之后,各个组别的试样均受到不同程度的损伤。为了更准确地分析试样在不同载荷下的损伤程度,这里首先对经历加卸载效应试验之后的试样进行宏观和微观观察,然后重新在拉伸机上加载,测量其最终断裂强度。

　　图 6-56 和图 6-57 分别为经受不同加载水平后试样的宏观与微观形貌。在图 6-56 和图 6-57 中,(a)~(d)分别对应 40 kN 组的 2♯试样、46 kN 组的 1♯试样、48 kN 组的 1♯试样、50 kN 组的 2♯试样(30 kN 及以下组别的试样,受载后的宏观与微观形貌与未受载试样区别很小,因此不予列出)。

(a) 恒载水平为40 kN的试样

(b) 恒载水平为46 kN的试样

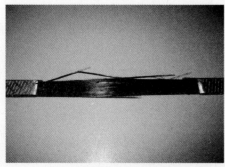

(c) 恒载水平为48 kN的试样

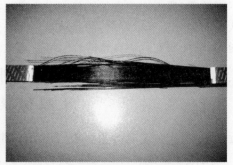

(d) 恒载水平为50 kN的试样

图 6-56　经受不同受载水平后试样的宏观形貌

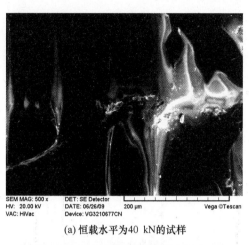
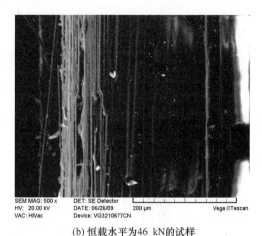

(a) 恒载水平为40 kN的试样　　　　　　　　(b) 恒载水平为46 kN的试样

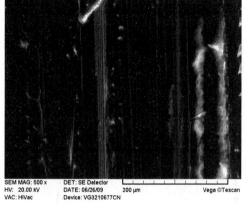
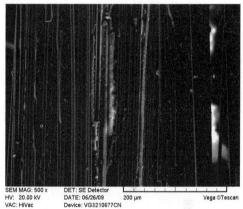

(c) 恒载水平为48 kN的试样　　　　　　　　(d) 恒载水平为50 kN的试样

图 6 - 57　经受不同受载水平后试样的微观形貌

从图 6 - 56 可以看到,加载水平达到 40 kN 以后,试样的边缘开始出现宏观的崩裂,这与复合材料试样拉伸试验中观察到的现象一致;越到加载的后期,边缘散裂出来的纤维束越多,试样表面越来越粗糙,最后试样突然呈扫帚状蓬松散裂。

从图 6 - 57(a) 可以看出,试样经受 40 kN 载荷后,材料表面覆盖的树脂基体开始出现裂痕。图 6 - 57(b)～(d)均为试样靠边缘区域的电镜照片,从中可以看出,随着载荷的增大,试样损坏程度越来越严重。图 6 - 57(b)中靠中间部分能够看到内部纤维的隆起,但是露出的不多。在图 6 - 57(d)中可以发现不仅几乎所有的表层纤维都露出来了,而且相当多的纤维已经断裂,有的甚至断成了几节。

表 6 - 15 所列为经历加卸载效应实验后的 18 个试样重新在拉伸机上拉伸测得的剩余强度。

图 6 - 58 所示为根据表 6 - 15 中所列数据做出的剩余强度与恒载期间加载水平拟合曲线(采用 55 kN 对加载水平进行了归一化处理)。

表 6-15　各载荷水平试样再次拉伸断裂强度

载荷水平/kN	15	30	40	46	48	50
第一组试样/GPa	2.18	1.90	2.15	1.70	1.38	1.31
第二组试样/GPa	2.26	2.12	2.00	1.78	1.52	0.71
第三组试样/GPa	2.04	2.03	1.81	1.63	1.74	0.90
平均值/GPa	2.16	2.02	1.99	1.70	1.55	0.97

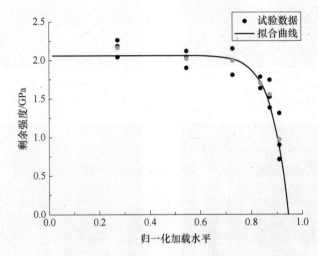

图 6-58　加载水平与剩余强度关系图

从表 6-15 可以看出,随着恒载期间加载水平的提高,剩余强度呈下降的趋势。另外,加载水平越高,其剩余强度的离散性也越大,这是由于损伤越来越严重而造成的。根据剩余强度的分布情况,采用指数函数对表 6-15 中的数据进行拟合,结果如下:

$$S = -4.33L^{14.65} + 2.06 \qquad (6-41)$$

式中:S 为剩余强度;L 为归一化的加载水平。

从图 6-56 的曲线可以看出,最初加载时,剩余强度下降得很慢,强度值都在 2 GPa 以上,几乎和完好试样的强度一样。但是当加载水平达到 0.8,亦即载荷为 55 kN×0.8=44 kN 时,剩余强度迅速下降,即损伤迅速加剧。这与前面通过宏观、微观形貌观察得出的 46 kN 开始损伤加剧的结论基本吻合。因此,可以将 46 kN 或者加载水平为 0.8 确定为该批材料的安全使用载荷,或称之为该批复合材料的临界失效载荷。

2. 判定临界失效载荷的数学模型

由前面分析可知,声发射撞击计数表征的是材料拉伸过程中损伤的数量,因此,声发射撞击计数的变化在一定程度上能够反映损伤的进程。

在 6.5 节分析碳/环氧复合材料[0]单向板拉伸损伤声发射特性时,发现试验数据中累计撞击数-时间曲线有如下特点(见图 6-59):

➤ 累计撞击数与载荷之间呈单调变化关系;

➤ 曲线形状简单,且比较平滑;

➤ 试验结果可重复性好,6 次拉伸试验所得出的曲线形状几乎相同。

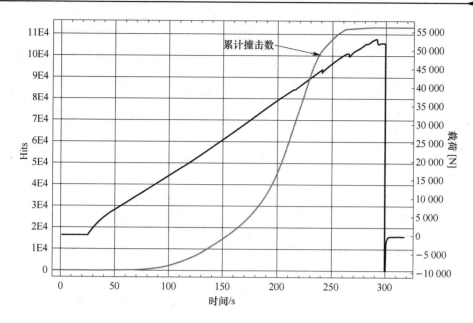

图 6 - 59　[0]单向板拉伸损伤累计撞击数-时间-载荷曲线

基于累计撞击数曲线的这些特点，并结合撞击数的物理本质，下面对该声发射参量建立数学模型，以期对确定临界载荷有所帮助。

由图 6 - 59 可以看出，累计撞击数在拉伸过程前期增长较慢，随后增长速度不断加快，并在 200 s 后迅速上升；当临近断裂前期时，增长速度减缓，曲线出现明显的拐点。

根据试验数据的上述特点，用 Gaussian 曲线方程进行数据拟合：

$$f(x) = a \cdot \exp\left[-\left(\frac{x-b}{c}\right)^2\right] \qquad (6-42)$$

式中：a、b、c 为常数。

由 T700/环氧树脂复合材料[0]单向板试样拉伸损伤试验数据（拉伸速度为 2 mm/min），可得到试样拉伸损伤过程中声发射累计撞击数随时间以及载荷变化的 Gaussian 拟合函数方程（见式(6 - 43)），拟合曲线如图 6 - 60 所示。

$$\left. \begin{array}{l} N = 5\ 134 \cdot \exp\left[-\left(\dfrac{t-253.6}{83.19}\right)^2\right] \\[3mm] N = 5\ 194 \cdot \exp\left[-\left(\dfrac{z-48\ 057}{20\ 680}\right)^2\right] \end{array} \right\} \qquad (6-43)$$

式中：N 为声发射累计撞击数；t 为加载时间(s)；z 为载荷(N)。

为了更好地反映声发射累计撞击数随时间、载荷的变化规律，这里定义声发射撞击数增长速率为 $n(t)$、$n(z)$。$n(t)$、$n(z)$ 反映了声发射累计撞击数随时间、载荷增长速度的快慢，可通过对式(6 - 43)两边求导得出

$$\left. \begin{array}{l} n(t) = -\dfrac{10\ 268}{83.19^2}(t-253.6) \cdot \exp\left[-\left(\dfrac{t-253.6}{83.19}\right)^2\right] \\[3mm] n(z) = -\dfrac{10\ 388}{20\ 680}\left(\dfrac{z-48\ 057}{20\ 680}\right) \cdot \exp\left[-\left(\dfrac{z-48\ 057}{20\ 680}\right)^2\right] \end{array} \right\} \qquad (6-44)$$

由式(6 - 44)可得，当 t 取 $t_s=253.6$ s 或 z 取 $z_s=48\ 057$ N 时，声发射撞击计数增长速率 $n(t)$ 和 $n(z)$ 降至最小值 0，该值位于加载过程的最后阶段，即试验曲线的拐点附近，临近最终

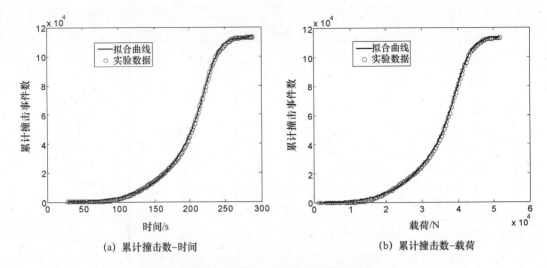

(a) 累计撞击数-时间　　　　　　　　　　(b) 累计撞击数-载荷

图 6 - 60　声发射累计撞击数拟合曲线

断裂之前。结合 T700 纤维/环氧树脂[0]单向板损伤过程的分析(参见 6.5.1 小节)可知,经过 t_s 时刻位于声发射信号主峰之后,复合材料基体、界面损伤已基本完成,由基体和界面产生的复合材料各物理相之间的复合效应和协同效应已经降到最低,载荷几乎全部由大小不同的纤维束承担。此时纤维还没有发生大规模断裂,因此声发射信号的数量很少,即出现了声发射信号的平静期。但是,如果载荷继续增大,那么在某一时刻某一特定大小的纤维束断裂将导致材料瞬间失稳并彻底断裂。因此由式(6-44)定义 t_s 为临界失效时间,z_s 为临界失效载荷,不仅在数学上方便实现,也有合理的物理基础。

　　对所进行的 6 次拉伸试验进行验证,发现每根试样损伤过程中声发射事件累计数曲线的形状都大致相似,都能够采用 Gaussian 函数曲线进行描述。但是值得注意的是,每根试样损伤过程得到的声发射累计撞击数、断裂时刻及断裂载荷存在一定差异。为了使式(6-43)具有普遍适用性,根据多次试验的结果对其进行如下处理:拟合过程中对 N 进行归一化;常数 a 和 c 取各试样拟合结果的平均值;临界失效参数 b 取所有拟合结果的最小值(使结果偏向保守)。从而得到

$$\left.\begin{array}{l}\dfrac{N}{N_0} = 0.96 \cdot \exp\left[-\left(\dfrac{t-252}{83}\right)^2\right] \\[3mm] \dfrac{N}{N_0} = 0.95 \cdot \exp\left[-\left(\dfrac{z-47\ 424}{18\ 600}\right)^2\right]\end{array}\right\} \tag{6-45}$$

式中:N_0 为拉伸试验中累计撞击数的最大值。

　　可以看出,根据式(6-45)求出的 t_s、z_s 分别为 252 s 和 47.4 kN。由此得到的临界失效载荷与前面的结果更为接近。这样,只需进行 5~6 个试样的拉伸试验,就能根据声发射事件的累计数据通过拟合求出临界失效载荷,而无须进行很多载荷水平下数十个试样的拉伸试验。

　　对同组试样实际测得的横截面 S 取平均值,得 $S=22.06\ \text{mm}^2$,则试样所受的应力为

$$\sigma = \frac{z}{S} = \frac{z}{22.06} \tag{6-46}$$

式中:σ 的单位为 MPa。将式(6-46)代入式(6-45)中的第二个式子,得

$$\frac{N}{N_0} = 0.95\exp\left[-\left(\frac{\sigma-2.15\times10^3}{0.84\times10^3}\right)^2\right] \tag{6-47}$$

由式(6-47)可以得出,可取 2.15 GPa 为试样的临界失效点应力 σ_s,这与前面得出的临界应力值非常接近。

对比前面的结论,这里得出的临界失效载荷值(47.4 kN)和临界失效应力值(2.15 GPa)均稍微偏高,其原因是:前面主要是通过采用分组试验之后统计得出的结论,而这里是在对断裂过程物理机制认识的基础上,根据损伤过程中声发射参数的变化建模得到的结果,所以应该是安全可靠的。

6.8.2　复合材料拉伸损伤模型研究

前面讨论了复合材料临界失效载荷的确定,这对于复合材料结构件的设计及其安全使用具有指导意义。然而,在生产实践中,人们往往也很关心材料损伤的整个过程,以便及时了解在役构件的材料性能,从而采取必要的措施确保生产的安全。基于这种考虑,下面探讨复合材料损伤过程的数学模型。

1. 基于 Weibull 分布的复合材料损伤的声发射参数模型及其相关问题的讨论

(1) 基于 Weibull 分布的复合材料损伤的声发射参数模型

大部分材料都是宏观上的均匀连续体,因此可以把材料看成是由很多微小正方体单元组成的。这些单元包含许多微缺陷,致使这些微小单元有着不同的强度。考虑到加载过程中的损伤是连续的,故可以假设各微元的强度服从某一概率分布 $\varphi(\varepsilon)$,其中 ε 一般为应变。该分布在宏观上反映材料的损伤程度,在微观上则表示微元是否失效。因此,损伤变量 D 与材料微元破坏强度分布密度函数 $\varphi(\varepsilon)$ 之间有如下关系:

$$\frac{\mathrm{d}D}{\mathrm{d}\varepsilon} = \varphi(\varepsilon) \tag{6-48}$$

在研究材料的损伤与失效机理的过程中,Chudnovsky(1980)、Krajcinovic(1982)等国内外学者通过失效物理分析及数理统计的方法,认为 Weibull 分布密度函数尤为适合描述多相材料中各个微元的断裂过程。因此,这里 $\varphi(\varepsilon)$ 先取 Weibull 分布密度函数来进行探讨,即

$$\varphi(\varepsilon) = \frac{\alpha}{\eta}\left(\frac{\varepsilon-\gamma}{\eta}\right)^{\alpha-1}\exp\left[-\frac{(\varepsilon-\gamma)^\alpha}{\eta}\right] \tag{6-49}$$

式中:α 为形状因子,η 为尺度参数,γ 为位置参数,它们均为与材料有关的常数。将式(6-49)代入式(6-48)中,并对其进行积分可得损伤变量的数学表达式:

$$D = \int_\gamma^\varepsilon \varphi(x)\mathrm{d}x = 1 - \exp\left[-\frac{(\varepsilon-\gamma)^\alpha}{\eta}\right] \tag{6-50}$$

式(6-50)反映了损伤随应变的变化情况,可以看作描述材料损伤发展过程的数学模型。

从物理机制上来说,材料的损伤是不可逆能耗过程。许多研究表明:材料在变形的过程中,应变能的变化可以很敏感地反映出材料内部结构性质的细小变化。从损伤力学的角度来看,可用材料应变能的变化率定义损伤变量,这对于系统地研究材料的损伤是很适合的。另外,Kachanov 和 Krajcinove D 等人认为材料产生损伤后,内部会均匀地出现微孔洞和微裂纹,在形成宏观可见裂纹之前是无法测定的。声发射技术却可以较为有效地解决这个难题。因此,声发射信号的某些对材料性能变化较为敏感的表征参数,可以作为评价材料损伤的特征参量。Fang F 和 Berkovits A 等人在应用声发射技术对材料微观结构变化及断裂过程进行长期研究后,认为能量这一参数能够较好地反映出材料性能的变化,因为声发射能量的大小反映了声发射源所释放能量的强烈程度。因此,可以采用声发射能量参数来对材料的损伤过程建模。

若设材料单位微元面积破坏时产生的声发射能量为 E_V，则微面积 ΔA 破坏时声发射能量累计 ΔG 为

$$\Delta G = E_V \Delta A \tag{6-51}$$

若整个截面面积为 A_0，当 A_0 全破坏时声发射能量累计为 G_T，则式(6-51)可改写为

$$\Delta G = \frac{G_T}{A_0}\Delta A \tag{6-52}$$

由微元强度服从概率分布的假设，当材料的应变增加 $\Delta\varepsilon$ 时，产生破坏的截面积增量 ΔA 为

$$\Delta A = A_0 \varphi(\varepsilon)\Delta\varepsilon \tag{6-53}$$

将式(6-53)代入式(6-52)中，得

$$\Delta G = G_T \varphi(\varepsilon)\Delta\varepsilon \tag{6-54}$$

当应变由初始 γ 值增加到 ε 时，声发射能量累计为

$$G = G_T \int_{\gamma}^{\varepsilon}\varphi(x)\mathrm{d}x \tag{6-55}$$

对比式(6-55)与式(6-50)，可以得到损伤变量与应变的数学表达式：

$$D = \int_{\gamma}^{\varepsilon}\varphi(x)\mathrm{d}x = 1 - \exp\left[-\frac{(\varepsilon-\gamma)^{\alpha}}{\eta}\right] = \frac{G}{G_T} \tag{6-56}$$

至此，只要测得若干个不同 ε 对应的 G/G_T 的值，便可以确定式(6-56)中的参数 η、α 和 γ，于是材料损伤的发展过程模型完全确定。G/G_T 可由声发射试验结果求出，其中 G_T 为试件全部破坏时声发射能量的累计值，G 为瞬时应变 ε 下的声发射能量累计。

（2）关于 Weibull 函数描述材料损伤过程适用性的讨论

基于 Weibull 函数构建的损伤模型得到了很多试验的验证，适用于描述大多数均质材料的损伤发展过程。下面分析 Weibull 分布所反映的材料损伤机理。

为了便于讨论，在式(6-56)中取 γ 为 0，η 为 1，α 分别取 2 和 6，并做损伤随应变的分布图，如图 6-61 所示。图 6-61 中：pdf 为概率分布曲线（对应左纵轴），反映材料损伤发生的速率；cdf 为累计分布曲线（对应右纵轴），反映材料损伤的程度。

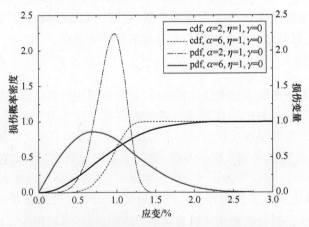

图 6-61　形状参数取不同值的 Weibull 函数分布

从图 6-61 中可以看出，当 α 取较大值时，Weibull 分布与正态分布相近，即认为材料的微

元强度分布是以平均强度为对称轴,大于和小于平均强度的微元各占一半;当 α 取较小的值时,图中损伤速率的峰值往应变小的方向移动。这说明采用该分布来描述损伤时,认为在加载的前期,数量超过一半的微元已经损伤。不过,此时损伤的都是强度较低的微元,而强度较高的微元则是在加载的后期发生失效。这与很多材料的损伤过程相符。以金属材料为例,如果将其屈服阶段的晶粒滑移、第二相粒子开裂等损伤看作是强度较弱的微元断裂,那么大部分的微元确实都在加载的较早时段已经失效;加载的后期主要是塑性变形,可以看作是数量较少而强度较高的微元的损伤阶段。

结合碳/环氧复合材料的损伤断裂机理,从总体上说也经历了上述损伤过程,即强度较小的基体、界面损伤发生在加载的前期,而碳纤维损伤则发生在加载的后期。然而,仔细比较 Weibull 分布与试验中得到的声发射参数图时,却发现两者之间存在较大差别。图 6-62(a) 为加载过程中声发射撞击计数率随时间的变化情况,声发射撞击计数率表征的是损伤发生的速率,与图 6-61 中 $\alpha=2$ 的 pdf 曲线相比较,相似的地方在于损伤速率的峰值都不是出现在最后阶段。但是,更多的是不同之处,从图中可以看出,分布的形状不同,图 6-62(a) 中的分布中心靠后且轮廓曲线不光滑,而 Weibull 分布的中心靠前且曲线较为平滑。此外,将声发射累计能量图(见图 6-62(b))与图 6-61 中 Weibull 分布中 $\alpha=2$ 的 cdf 曲线相比较,cdf 曲线在加载的中期增加较快,在加载的末期放缓;复合材料声发射累计能量曲线在初期与中期增加较为缓慢,在末期迅速增加。因此,声发射累计能量的发展变化与 Weibull 累计分布曲线不相符。造成 Weibull 曲线与声发射参数曲线不符的原因是,在推导 Weibull 损伤模型时,暗含了如下的假设,即微元的损伤速率与材料的能量释放率是成正比的。因此,在 Weibull 损伤模型的 cdf 曲线中,虽然最后阶段进行的是高强度微元的损伤,但是其数量小,因而损伤放缓。另外,Weibull 模型中假设材料损伤是一个连续的过程,因此损伤曲线平滑,变化较为缓和。然而,根据碳/环氧复合材料的损伤机理,在加载前期发生基体与界面损伤时声发射信号的能量值较小,而在加载末期碳纤维以纤维束形式断裂损伤时,释放出大量的能量。损伤的过程从物理机制和从损伤的量的角度上看都不是连续的,前期进行的是大量的基体与界面损伤,碳纤维断裂只以单根的、零散的形式发生,但到了末期,基体和界面发生的损伤很小,而碳纤维成束的集群损伤开始发生。即便在加载的初期,从图 6-62(a) 可以看到,复合材料的损伤发展过程也与 Weibull 分布存在区别,这是因为树脂基体经过增强相——碳纤维的强化后,其损伤发展模式已与均质材料有所不同。

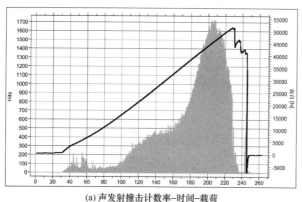

(a) 声发射撞击计数率-时间-载荷

图 6-62　碳/环氧复合材料拉伸损伤过程中的声发射检测结果

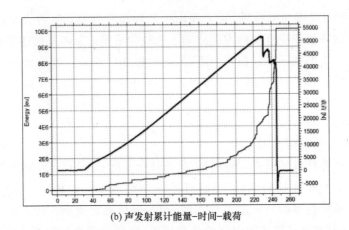

(b) 声发射累计能量-时间-载荷

图 6-62　碳/环氧复合材料拉伸损伤过程中的声发射检测结果(续)

从上面的分析可以看出,Weibull 分布函数不适合描述碳/环氧复合材料损伤的过程。

此外,合理的损伤变量应该能够反映出材料强度的变化情况。Weibull 分布积分得到的损伤变量为 D,若令 $Y=1-D$,则 Y 的变化规律应与材料的剩余强度的变化相似。但从图 6-61 中的 cdf 曲线形状看,若做出 $Y=1-D$ 的曲线,且以 Y 表征剩余强度,那么得出的曲线会显示剩余强度在加载中期以后迅速减小,但到加载末期减小的趋势会放缓。这与试验得出的图 6-58 的剩余强度变化规律不符,因此,从试验的角度也证实了 Weibull 分布不适合描述复合材料损伤的发展过程。

2. 基于累计能量的碳/环氧复合材料损伤声发射参数模型

在拉伸试验过程中,材料从拉伸机获取能量,引起变形从而使材料系统的应变能升高,当加载到一定程度时,就会出现损伤。就本质而言,损伤就是材料系统加载到一定程度后能量释放的现象;而声发射就是材料释放能量的一种反映,它能表征材料能量释放的速率。因此,从机理上讲,采用声发射信号的能量变化来定义材料的损伤进程,比传统研究损伤时常用的力学参量(如刚度变化等),更能反映损伤的实质,因而,也能更加准确地反映材料性能的变化,如剩余强度的变化等。

根据图 6-62(b)中声发射累计能量的发展变化,可以将拉伸过程大致分为两个阶段:在 180 s 之前,能量增加比较平缓;在 180 s 之后能量上升速度加快。为了取得较好的拟合效果,对其进行分段拟合。拟合结果见图 6-63 和式(6-57)。

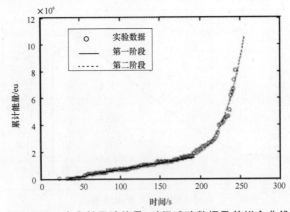

图 6-63　声发射累计能量-时间试验数据及其拟合曲线

$$E = \begin{cases} 1.72 \times 10^4 (t-23)^{0.89} - 1.74 \times 10^5, & 23 \leqslant t < 180 \\ 0.037(t-145)^{4.1} + 14.05 \times 10^5, & t \geqslant 180 \end{cases} \tag{6-57}$$

式中：E 为声发射累计能量；t 为加载时间。

图 6-61 中所示的两段拟合曲线分别对应不同的损伤机制，因此给出的拟合方程也完全不同。从式(6-57)可以看出，第一阶段的累计能量与时间接近线性关系，而第二阶段累计能量与时间是幂函数关系，因此，随着加载进程的进行，能量会加速释放。

对 6 个试样的试验数据都采用上述方法拟合，然后取各拟合参数的平均值，再对累积能量和时间变量进行归一化处理，并以材料的损伤量取代的发射累计能量，得到适用性更广的复合材料损伤发展数学模型：

$$D = \begin{cases} 0.27 S^{0.89} - 0.02, & 0 \leqslant S < 0.55 \\ 19.7(S-0.55)^{4.1} + 0.175, & 0.55 \leqslant S \leqslant 1 \end{cases} \tag{6-58}$$

式中：D 为损伤变量；S 为加载进程。

3. 对碳/环氧复合材料损伤本构关系的探讨

目前，通常采用 Lemaitre 应变等效原理来建立材料损伤的本构方程，即

$$\varepsilon = \frac{\sigma}{\bar{E}} = \frac{\sigma}{E(1-D)} \tag{6-59}$$

式中：ε 为应变；σ 为应力；$\bar{E}$ 为材料的有效弹性模量；E 为材料的原始弹性模量。

如果将式(6-58)的损伤变量 D 代入式(6-59)，求出应力-应变曲线，结果会发现得出的曲线形状与试验得出的图 6-62 中所示的载荷-时间曲线差异很大。从图 6-62 中所示的载荷-时间曲线来看，在加载过程的大部分时间内载荷呈线性增加，即弹性模量是不变的。因此式(6-58)定义的损伤不能够应用于基于有效弹性模量的本构模型。这是因为碳/环氧复合材料[0]单向复合材料的刚度主要由碳纤维决定，拉伸过程发生的基体和界面损伤不会引起刚度较大的变化。

观察图 6-62 中所示的载荷-时间曲线可以发现，在最后阶段载荷出现阶梯式下降的情况。根据分析可知，该阶段进行的是碳纤维以纤维束的形式集群断裂，每次较大规模的断裂都会引起一次卸载。但是卸载之后材料的刚度依然没有较明显的变化，这可能是此时所有的纤维均协调地共同分担载荷，某一小束纤维断裂后，应力能很快分担到其他纤维束，整个材料系统仍然按原来的刚度承担载荷。另外，这些卸载发生的时间和大小都是随机的、间断的，与均质材料损伤过程中刚度连续下降的形式不同。因此，要建立能准确描述[0]单向板复合材料拉伸损伤的本构关系是非常困难的。

此外，大量的试验证实，在加载过程的大部分时间内，[0]单向板复合材料的刚度都是恒定的，当加载到载荷-时间曲线出现抖动时，载荷已经超过 6.8.1 小节中所述的临界失效载荷，此时材料已经失稳，研究其本构关系已经没有意义。

6.8.3　基于可靠性分析的复合材料使用寿命探讨

众所周知，碳纤维的强度具有很大的离散性，这直接导致了碳纤维增强复合材料强度的分散。虽然可以通过抽样试验的方法给出材料的强度及其离散系数，但是在生产实践中，设备使用者们更为关心的问题是结构件在承载工况下可以安全工作的寿命，或者有过承载历史的结构件还可以安全地加载到多大载荷等。要定量地描述以上问题，就必须运用可靠性的相关理

论和方法。下面从可靠性的基本理论出发,在给定可靠度的情况下,探寻一种基于声发射参数的可靠性模型方法,来估算在役结构材料的使用寿命。

1. 复合材料可靠性数学模型

可靠性是结构、零件、材料等在规定的寿命期间内,在规定的工作条件下能够执行规定功能的可能性,一般用可靠度来定量描述。可靠性函数是一个与时间有关的变量,其特点是随着时间的延长而逐渐减小。随着可靠度的提高,结构的失效率会变小,但是与之对应的工作寿命却缩短。因此,根据结构件所起的作用不同,在给定不同可靠度的情况下,确定其服役及检修周期是非常必要的。

根据可靠性理论,可靠度函数有如下表达形式:

$$R = R(t,a,b,c,\cdots) \tag{6-60}$$

式中:t 为广义的寿命,可以为时间、载荷或应变进程等;a,b,c 为可靠度函数分布参数,决定可靠度曲线的位置、尺度、形状等,具体由材料或构件的损伤过程决定。在材料或构件已经工作一定的时间 t 后仍未失效,那么它仍能在一定的可靠度下安全地继续工作一定时间 Δt。因此,根据可靠性理论,有如下数学表达式:

$$R(t+\Delta t,a,b,c,\cdots) = R(t,a,b,c,\cdots)R(t\,|\,\Delta t,a,b,c,\cdots) \tag{6-61}$$

改写式(6-61),可得在目前工作时间 t 之后,继续工作一段时间 Δt 的可靠度函数表达式为

$$R(t\,|\,\Delta t,a,b,c,\cdots) = \frac{R(t+\Delta t,a,b,c,\cdots)}{R(t,a,b,c,\cdots)} \tag{6-62}$$

从式(6-62)可以看出,在给定材料或构件进一步服役期内可靠度的情况下,用该式能够估算出材料或构件进一步工作的寿命。例如:令构件进一步工作时间 Δt 内的可靠度为 R_{gz},即

$$R(t\,|\,\Delta t,a,b,c,\cdots) = \frac{R(t+\Delta t,a,b,c,\cdots)}{R(t,a,b,c,\cdots)} = R_{gz} \tag{6-63}$$

从式(6-63)能够得到 Δt 与其他参数的函数表达式

$$\Delta t = \Delta t(t_{gz},R_{gz},a,b,c,\cdots) \tag{6-64}$$

由前面对损伤变量 D 的分析可知,参数$(1-D)$随时间的变化趋势与可靠度函数一样,也是随着时间的延长而逐渐减小,因此,可以使用损伤变量来定义可靠度函数。

在 6.8.2 小节,为了表示不同的损伤机理及过程,采用分段函数来拟合试验数据,这里为了便于可靠度公式的推导和表达的简洁性,在不影响拟合效果的前提下,用单一数学表达式对数据进行拟合,得到碳/环氧复合材料损伤变量与加载时间 t 的关系为

$$D(t) = ae^{bt} + c \tag{6-65}$$

式中:$a=0.008$;$b=0.02$;$c=-0.008$。

根据前面的讨论,碳/环氧复合材料的可靠度函数可定义为

$$R(t) = 1 - D(t) = 1 - c - ae^{bt} \tag{6-66}$$

另外,为了便于分析,定义材料或构件的平均寿命 T 为

$$T = \int_0^\infty R(t)\,\mathrm{d}t = \int_0^\infty (1-c-ae^{bt})\,\mathrm{d}t \tag{6-67}$$

根据式(6-66)作图,得到如图 6-64 所示的可靠度曲线,其中横坐标用 T 做了规范化。

将式(6-66)代入式(6-63),整理后可得

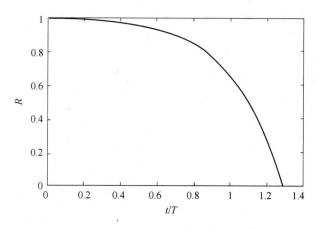

图 6 - 64　碳/环氧复合材料可靠度曲线

$$\Delta t = \frac{1}{b}\ln\left[\frac{(1-c)-R_{gz}(1-c-ae^{bt})}{a}\right] - t \tag{6-68}$$

根据式(6-68)作图,材料或构件的剩余使用寿命 Δt 与已工作时间 t 的关系如图 6-65 所示。图中横坐标和纵坐标均进行了规范化,即采用相对值 t/T 和 $\Delta t/T$。

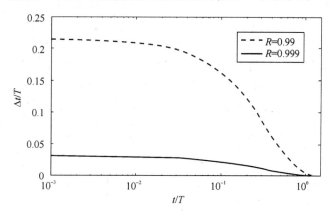

图 6 - 65　剩余使用寿命与已工作时间的关系

从图 6-65 中可以看出,在同一可靠度下,随着材料的工作时间 t 的增加,其剩余使用寿命 Δt 降低;而在工作时间 t 相同的情况下,随着可靠度的提高,剩余使用寿命 Δt 明显降低。

2. 基于声发射参数的复合材料使用寿命估算

对于多数复合材料构件,一般由设计制造部门根据相关技术标准规定其使用寿命。然而在实际的服役过程中,大多数构件到了服役年限却仍未失效,而且运行状态依然良好。因此,将所有到达服役年限的在役机器或设备一律做报废或更换处理是不可取的。

声发射是材料断裂损伤过程中应力波的释放,声发射信号能提供断裂过程中应力、应变所不能反映出的大量细节信息。因此,利用材料服役过程的损伤声发射信号可以监测构件的状态,提高材料使用的安全性。

根据前面的分析,声发射撞击计数在拉伸过程中表现出很强的阶段性特征,每根试样拉伸过程都出现撞击计数的声发射平静期。这个现象也成为推断、确定临界失效载荷的依据之一。然而,由于复合材料强度的离散性,临界失效载荷(应力)作为一个数值往往不能满足人们在生产中对材料使用的要求。为了能从寿命的整个过程和定量的角度对材料的使用性能以及安全性进行评判,必须将声发射研究与可靠性分析结合起来。

前面利用声发射研究得出的损伤变量建立了复合材料可靠性模型,然而在工程实际中,由于其具有很高的比强度,复合材料结构件往往被应用于设备的核心或关键部位,出于对安全性的考虑,人们要求复合材料结构件的使用可靠性很高,而很高的可靠性要求又使得材料的允许工作寿命大大降低,这必然导致材料性能不能得到充分利用。

式(6-68)是由碳/环氧复合材料损伤声发射模型推导出的剩余使用寿命与工作时间的关系。根据此式,在图6-66中做可靠度要求为0.99的材料剩余使用寿命与工作时间关系曲线(曲线2,对应右纵轴);同时在该图上根据式(6-66)绘制材料可靠度随工作时间的关系曲线(曲线1,对应左纵轴)。图中 t 表示的是试验中拉伸机加载速度为 2 mm/min 条件下的加载时间,T 为加载过程的平均寿命时间。从图6-66的曲线1可以看出,如果要求材料工作的可靠度不低于0.99(即曲线1的 A 点,其左纵轴坐标为0.99),那么工作时间 t_1 不能超过 0.215T,也就是说按照可靠度不低于0.99来确定的材料使用寿命为0.215T。但是,经过多次试验,加载过程声发射信号均存在一个平静期,试样在平静期结束时才发生断裂失效。这样,可以将声发射平静期看作复合材料的剩余使用寿命(即 Δt),从而可以根据式(6-68)确定材料的工作寿命(即该式中的 t 值)。试验中不同试样的声发射平静期有一定的差别,为保险起见,取其最大者,即 0.085T,作为剩余使用寿命。这样,在曲线2上找到右纵坐标为 0.085 的点(即 B 点),该点对应的横坐标 t_2 为 0.313。也就是说,以声发射信号平静期作为剩余寿命,在可靠度为 0.99 的条件下,确定的复合材料工作寿命为 0.313T。因此,基于声发射平静期及式(6-68)所确定的材料工作寿命 t_2 比仅根据可靠度为 0.99 确定的工作寿命 t_1 高出 0.313 - 0.215 = 0.098T,从而使材料的使用效率得到进一步提高。

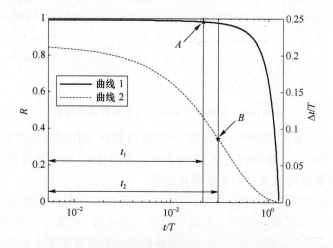

图 6-66　可靠度及剩余使用寿命与工作时间的关系

本小节与 6.8.1 小节的临界失效载荷(应力)分析都涉及声发射平静期,但不同的是,本小节探讨的模型能够提供材料使用全过程的可靠性指标,因而对材料的应用具有更大的指导意义。

附　录

我国声发射检测领域的相关标准如下：

① GB/T 12604.4—2005《声发射检测术语》；

② GB/T 18182—2000《金属压力容器声发射检测及结果评级方法》；

③ GB/T 19800—2005《无损检测　声发射检测　换能器的一级校准》；

④ GB/T 19801—2005《无损检测　声发射检测　换能器的二级校准》；

⑤ GB/T 25889—2010《机器状态监测与故障诊断　声发射》；

⑥ GJB 2044—1994《钛合金压力容器检测方法》；

⑦ JB/T 8283—1995《检测仪性能测试方法》；

⑧ JB/T 7667—1995《在役压力容器声发射检测评定方法》；

⑨ JB/T 6916—1993《在役高压气瓶声发射检测和评定方法》；

⑩ JB/T 10764—2007《常压金属容器声发射检测及评价方法》；

⑪ QJ 2914—1996《复合材料构件声发射检测方法》。

参考文献

[1] 袁振明，马羽宽，何泽云. 声发射技术及其应用[M]. 北京：机械工业出版社，1985.

[2] Kaiser J. A study of acoustic phenomena in tensile tests[D]. translated into Berkeley：Lawrence Radiation Laboratory，1964.

[3] Gorman R. Plate wave acoustic emission[J]. JASA，1991，90(1)：358-364.

[4] 李孟源. 声发射检测及信号处理[M]. 北京：科学出版社，2010.

[5] 阳能军. LF3 铝合金损伤的声发射监测研究[D]. 西安：第二炮兵工程学院，2007.

[6] 龙宪海. 基于声发射技术的碳/环氧复合材料拉伸损伤研究[D]. 西安：第二炮兵工程学院，2010.

[7] 耿荣生，景鹏，雷洪. 飞机主承力构件疲劳裂纹萌生和扩展的声发射评价[J]. 无损检测，1999，21(4)：52-54.

[8] 秦国栋，刘志明，王文静. 16Mn 钢疲劳过程中的声发射特性研究[J]. 中国安全科学学报，2005(8)：105-108.

[9] Shen Gongtian，Dai Guang，Huo Zhen. Progress of acoustic emission in China [C]// Proceedings of world conference on acoustic emission-2011 Beijing，2011：47-57.

[10] Dmitry S Ivanov，Fabien Baudry，Bjoern Van Den Broucke，et al. Failure analysis of triaxial braided composite[J]. Composites science and technology，2009，69(9)：1427-1431.

[11] Surgeon M，Wevers M. Modal analysis of acoustic emission signals from CFRP laminates[J]. NDT & E international：Independent nondestructive testing and evaluation，1999，32(6)：311-322.

[12] 郑洁，姚磊江，程起有，等. 复合材料损伤的声发射试验研究[J]. 机械科学与技术，2010，29(11)：1478-1481.

[13] Choi N S，Takahashi K. Characterization of the damage process in short-fibre/thermoplastic composites by acoustic emission[J]. Journal of materials science，1998，33(9)：2357-2363.

[14] Nat Ativitavas，Timothy J Fowler，Thanyawat Pothisiri. Identification of fiber breakage in fiber reinforced plastic by low- amplitude filtering of acoustic emission data [J]. Journal of nondestructive evaluation，2004，23(1)：21-36.

[15] 赵尧杰，王志刚，刘昌明，等. MgO-C 耐火材料受载损伤过程的声发射特性研究[J]. 耐火材料，2012，46(4)：254-257.

[16] Didem Ozevin，Zahra Heidary. Acoustic emission source orientation based on time scale[J]. Journal of acoustic emission，2011，29(6)：123-132.

[17] Lin Song，Jia Xiaolong，Sun Hongjie，et al. Thermo-mechanical properties of filament wound CFRP vessel under hydraulic and atmospheric fatigue cycling[J].

Composites，Part B. Engineering，2013,46B(3):227-233.

[18] Kwon Jeong Rock，Lyu Geun Jun，Lee Tae Hee. Acoustic emission testing of repaired storage tank[J]. International journal of pressure vessels and piping，2001，78(5):373-378.

[19] 林介东，胡平，马庆增，等. 500 kV 增城变电站变压器局部放电的声发射检测[J]. 广东电力，2006,19(5):53-56.

[20] Jiao Jingpin，He Cunfu，Wu Bin. Application of wavelet transform on modal acoustic emission source location in thin plates with one sensor[J]. International journal of pressure vessels and piping，2004，81(5):427-431.

[21] Chandra B P，Gour Anubhus，Chandra Vivek K，et al. Dislocation unpinning model of acoustic emission from alkali halide crystals[J]. Pramana：Journal of physics，2004，62(6):1281-1292.

[22] 姜长泓，王龙山，尤文，等. 基于平移不变小波的声发射信号去噪研究[J]. 仪器仪表学报，2006，27(6):607-610.

[23] 邓艾东，童航，张如洋，等. 基于模态分析的转子碰摩声发射特征[J]. 东南大学学报(自然科学版)，2010，40(6):1232-1237.

[24] Christian Grosse，Josko Ozbolt，Ronald Richter，et al. Acoustic emission analysis and thermo-hygro-mechanical model for concrete exposed to fire[J]. Journal of Acoustic Emission，2010，28(6):188-203.

[25] Sasikumar T，Rajendraboopathy S，Usha K M. Artificial neural network prediction of ultimate strength of unidirectional T-300/914 tensile specimens using acoustic emission response[J]. Journal of nondestructive evaluation，2008，27(4):127-133.

[26] Drummond G，Watson J F，Acarnley P P. Acoustic emission from wire ropes during proof load and fatigue testing[J]. NDT & E International：Independent nondestructive testing and evaluation，2007，40(1):94-101.

[27] Lee H S，Yoon J H，Park J S. A study on failure characteristic of spherical pressure vessel[J]. Journal of materials processing technology，2005，164(1):882-888.

[28] Gang Qi. Wavelet-based AE characterization of composite materials[J]. NDT & E International：Independent nondestructive testing and evaluation，2000，33(3):133-144.

[29] Biancolini M E，Brutti C，Paparo G. Fatigue cracks nucleation on steel，acoustic emission and fractal analysis[J]. International journal of fatigue，2006，28(12):1820-1825.

[30] Piotrkowski R，Gallego A，Castro E. Ti and Cr nitride coating/steel adherence by acoustic emission wavelet analysis[J]. NDT & E International：Independent nondestructive testing and evaluation，2005，38(4):260-267.

[31] 刘怀喜，张恒，闫耀辰. 声发射技术在复合材料中的应用及研究进展[J]. 纤维复合

材料，2002，19(4)：50-52.

[32] Fuchs H V, Riehle R. Ten years of experience with leak detection by acoustic signal analysis[J]. Applied acoustic, 1991, 33：1-19.

[33] Li Xiaoli. A brief review：Acoustic emission method for tool wear monitoring during turning[J]. Machine tools & manufacture, 2002, 42(2)：157-165.

[34] Tian Y, Lewin P L, Davies A E, et al. Application of acoustic emission techniques and artificial neural networks to partial discharge classification [C]// Conference Record of the 2002 IEEE International Symposium on Electrical Insulation, Boston, USA, 2002：119-123.

[35] 何舒, 马羽宽, 杨建波. 含不同缺陷的金属材料声发射特性[J]. 吉林大学学报(工学版), 2002, 33(4)：21-25.

[36] 方鹏, 成来飞, 张立同, 等. C/SiC 复合材料拉伸过程的声发射研究[J]. 无损检测, 2006, 28(7)：358-361.

[37] 王健, 金周庚, 刘哲军. C/E 复合材料声发射信号小波分析及人工神经网络模式识别[J]. 宇航材料工艺, 2001, 31(1)：49-57.

[38] 杨盛良, 刘军, 杨德明, 等. 复合材料损伤过程的声发射研究方法[J]. 无损检测, 2000, 22(7)：303-306.

[39] Jiang Changhong, You Wen, Wang Longshan, et al. Real-time monitoring of axle fracture of railway vehicles by translation invariant wavelet [C]// Proceedings of the Fourth International Conference on Machine Learning and Cybernetics, Guangzhou, 2005：2409-2413.

[40] 阳能军, 唐桃山, 龙宪海, 等. 30CrMnSi 三点弯曲过程的声发射特性研究[J]. 无损探伤, 2008, 32(2)：9-11.

[41] 杨明纬. 声发射检测[M]. 北京：机械工业出版社, 2005.

[42] 沈功田. 金属压力容器的声发射源特性及识别方法的研究[D]. 北京：清华大学, 1998.

[43] 刘松平, Gorman Michael, 陈积懋. 模态声发射检测技术[J]. 无损检测, 2000, 22(1)：38-41.

[44] 胡广书. 数字信号处理[M]. 2 版. 北京：清华大学出版社, 2003.

[45] 黄翔, 侯力, 谭永健, 等. 机械故障诊断中的声发射信号处理方法研究[J]. 噪声与振动控制, 2006(3)：39-41.

[46] 崔锦泰. 小波分析导论[M]. 程正兴, 译. 西安：西安交通大学出版社, 1995.

[47] 徐佩霞, 孙功宪. 小波分析与应用实例[M]. 合肥：中国科学技术大学出版社, 2000.

[48] 张贤达. 现代信号处理[M]. 北京：清华大学出版社, 1995.

[49] 边肇棋, 张学工. 模式识别[M]. 北京：清华大学出版社, 1988.

[50] Ronald B. Melton, classification of NDE waveforms with autoregressive models [J]. Acoustic emission, 1982, 1(4)：266-270.

[51] Graham L J, Elsley R K. AE source identification by frequency spectral analysis for an

aircraft monitoring application[J]. Acoustic emission，1983，2(1)：78-85.

[52] Luo J J，Daniel I M，Wooh S C. Acoustic emission study of failure mechanisms in Ceramic Matrix composite under Longitudinal Tensile Loading[J]. Journal of composite materials，1995，29(15)：1946-1961.

[53] 杨璧玲，张同华，张慧萍，等. 基于声发射信号模式识别的 UHMWPE/LDPE 复合材料损伤机制分析[J]. 复合材料学报，2008，25(2)：35-40.

[54] 焦李成. 神经网络的应用与实现[M]. 西安：西安电子科技大学出版社，1995.

[55] 蒋宗礼. 人工神经网络导论[M]. 西安：西安电子科技大学出版社，2001.

[56] 耿荣生，傅刚强. 金属点蚀过程声发射源机制研究[J]. 声学学报，2002，27(4)：369-372.

[57] 曾庆敦. 复合材料的细观破坏机制与强度[M]. 北京：科学出版社，2002.

[58] Prasse T，Michel F，Mook G. A comparative investigation of electrical resistance and acoustic emission during cyclic loading of CFRP Laminates[J]. Composites science and technology，2001，61(6)：831-835.

[59] 沈观林，胡更开. 复合材料力学[M]. 北京：清华大学出版社，2006.

[60] 张少实，庄苗，杜善义. 复合材料与粘弹性力学[M].北京：机械工业出版社，2005.

[61] 成阳，阳能军，龙宪海，等. 碳/环氧复合材料拉伸损伤声发射 Felicity 效应研究[J]. 无损检测，2012，34(11)：54-56.

[62] 王新刚，阳能军，龙宪海，等. 不同拉伸条件下碳/环氧复合材料损伤的声发射特性[J]. 无损检测，2011，33(10)：57-61.

[63] 龙宪海，阳能军，王汉功. 碳/环氧复合材料拉伸损伤声发射特性及细观力学分析[J]. 高分子材料科学与工程，2011，27(2)：50-54.

[64] 王新刚，阳能军，龙宪海，等. T700/环氧复合材料拉伸损伤机理声发射实验研究[J]. 无损探伤，2011，35(6)：22-25.

[65] Bakuckas J G. Monitoring damage growth in Titanium composites using acoustic e- mission[J]. Journal of composite materials Evaluation，1995(6)：117-125.

[66] 张浪平，尹祥础，梁乃刚. 加卸载响应比与损伤变量关系研究[J]. 岩石力学与工程学报，2008，27(9)：1874-1881.

[67] Kachanov L M. Introduction to continuum damage mechanics[M]. Dordrecht，Netherlands：Martinus Nijhoff Publishers，1986.

[68] Zhang X H，Xu X H，Wang H Y，et al. Critical sensitivity in driven nonlinear threshold systems[J]. Pure and applied geophysics，2004，161(9/10)：1931-1944.

[69] Xu X H，Ma S P，Xia M F，et al. Damage evaluation and damage localization of rock[J]. Theoretical and applied fracture mechanics，2004，42(2)：131-138.

[70] Fang D，Berkovits A. Acoustic emission during the Tensile Deformation fatigue of Incoloy 901 super alloy[J]. Acoustic emission，1995，30(13)：3552-3560.

[71] 刘易斯. 实用可靠性工程[M]. 北京：航空工业出版社，1991.